新文京開發出版股份有限公司
NEW WCDP
新世紀·新視野·新文京－精選教科書·考試用書·專業參考書

New Wun Ching Developmental Publishing Co., Ltd.

New Age · New Choice · The Best Selected Educational Publications—NEW WCDP

孫銚瑀、簡守平、張怡頌　編著
數學I
Mathematics

序言

PREFACE

一、本書係參考民國一〇七年教育部頒布之十二年國民基本教育課程綱要－技術型高級中學數學領域課程綱要，並配合實際教學編輯而成。

二、全書共分二冊，可供五年制專科學校第一及第二學年，每學期每週授課 2 節四學期，共八學分之教學使用。

三、本書屬基礎數學，著重培養學生正確數學觀念，並以實用為主，著重訓練學生解題技巧及基本演算能力。

四、本書為符合實際需要，特將課程內容精心編輯，如授課時間不足，可由教師視實際需要加以取捨。而各節均提供習題，可供研讀及練習之用。

五、本書需雖經審慎編寫，疏漏之處仍恐難免，尚祈讀者及各方專家不吝指正，不勝感激。

編著者　謹識

作者簡介

AUTHORS

• 孫銚瑀

學歷：輔仁大學數學研究所碩士

　　　國立成功大學數學系畢業

曾任：登峰美語 SAT GMAT 測驗數學教師

現任：宏國德霖科技大學電通系專任教師

• 簡守平

學歷：淡江大學數研究所碩士畢業

曾任：新北市私立南山高級中學

現任：宏國德霖科技大學通識中心專任教師

• 張怡頌

學歷：國立中正大學應用數學研究所畢業

　　　私立逢甲大學應用數學系畢業

現任：宏國德霖科技大學機械系專任教師

目錄

CONTENTS

集合與實數

1-1　集合的表示及其運算

1-2　數與數學

1-3　絕對值與平方根

1-1 集合的表示及其運算

所謂集合是一組明確物件所組成，例如：12 生肖是由鼠、牛、虎、兔、龍、蛇、馬、羊、猴、雞、狗、豬，12 種動物所成的一個集合。

我們習慣以英文大寫字母 $A, B, C, D\ldots$表示集合。以小寫字母 $x, y, r, s\ldots$表示集合的元素。

集合除可用文字敘述外，另可用兩種方法表示：

1. 表列式：將集合所有的元素列出。

   例如：A 集合表示比 6 小的自然數所成的集合，
   即 $A=\{1,2,3,4,5\}$。

2. 結構式：一集合 B，其元素具有共同性質，我們可以 $B=\{x|P(x)\}$ 結構式來表示，其中 x 表滿足 $P(x)$敘述的元素。

   例如：$B=\{x|(x-1)(x-2)(x-3)=0\}$ 表示 1,2,3 所成的集合。

   對於元素與集合互屬關係，我們以“$\in$”（讀作屬於）“$\notin$”（讀作不屬於）來表示。若 $x\in A$，表示 x 為 A 集合的一個元素。$y\notin A$，表示 y 不是 A 的一個元素。

   例如：N 為自然數所成的集合，則 $1\in N,\ 2\in N$，但 $0\notin N,\ -2\notin N$。
   若一集合不含任何元素，則稱該集合為空集合，以 ϕ 或 $\{\quad\}$ 表示之。

例如：A 為百米跑進 5 秒內的運動員，則 $A=\phi$。

$$B=\{x|x=x+3\}=\phi$$

設 A，B 為二集合。若 A 中每一元素皆為 B 的元素，則我們稱 A 為 B 的部分集合或子集合，以 $A\subset B$（讀作 A 包含於 B），或 $B\supset A$（讀作 A 包含 B）表示之。

$A \subset B$ 可以以圖 1.1 表示之。

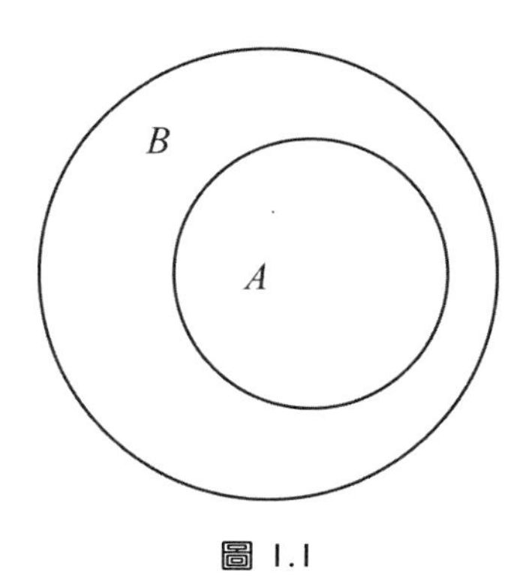

圖 1.1

例如： $A=\{1,2,3\}$ ， $B=\{1,2,3,4\}$ 則 $A \subset B$

由 $A \subset B$ 的意義，不難看出 $\phi \subset A$ ， $A \subset A$ ，若 $A \subset B$ 且 $B \subset A$ ，則 $A=B$ 。

有關於集合間的運算，我們有如下的定義：

定義 1-1

$A \subset B=\{x \mid x \in A \text{且} x \in B\}$ ， $A \cap B$ 讀作 A 和 B 的交集，表示由 A 與 B 同元素組成的集合。

例如： $A=\{1,2,3\}$ ， $B=\{2,3,4\}$ ， $C=\{4,5,6\}$

則 $A \cap B=\{2,3\}$, $B \cap C=\{4\}$, $A \cap C=\{\quad\}=\phi$

上例 $A \cap C=\phi$ ，表示 A, C 沒有共同元素，我們稱 A, C 不相交。

$A \cap B$ 可以以圖 1.2 表示之

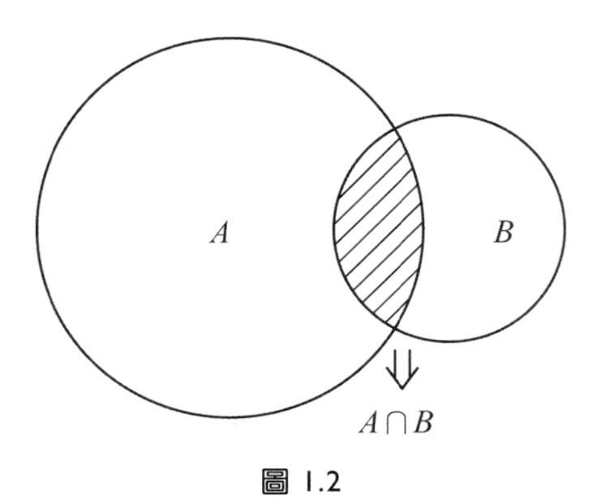

圖 1.2

由交集定義得知，$A \cap B \subset A$, $A \cap B \subset B$, $A \cap \phi = \phi$ 。

定義 1-2

$A \cup B = \{x | x \in A 或 x \in B\}$ ，$A \cup B$ 讀作 A 和 B 的聯集。表示由 A 與 B 所有元素組成的集合。

例如： $A = \{1,2,3\}$ ，$B = \{3,4,5\}$ 則 $A \cup B = \{1,2,3,4,5\}$

$A \cup B$ 可以以圖 1.3 表示之

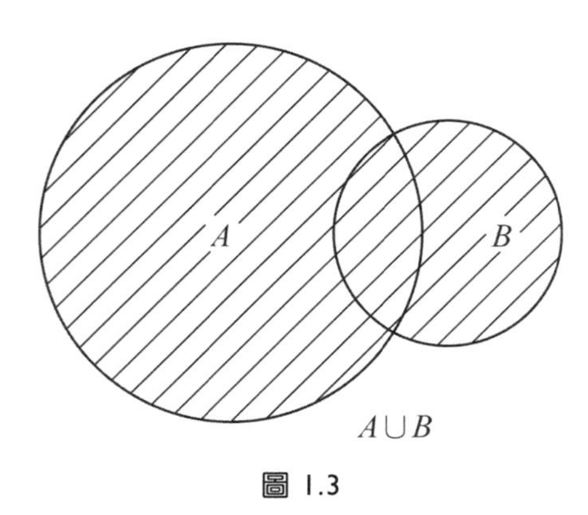

圖 1.3

由聯集定義易知，$A \subset A \cup B$, $B \subset A \cup B$, $A \cup \phi = A$ 。

定義 1-3

$A-B=\{x|x\in A且x\notin B\}$，$A-B$ 讀作 A，B 的差集。表示屬於 A 的元素但不屬於 B 的元素所成的集合。

例如： $A=\{1,2,3\}$，$B=\{2,3,4\}$ 則 $A-B=\{1\}$，$B-A=\{4\}$。

$A-B$ 可以以圖 1.4 表示之

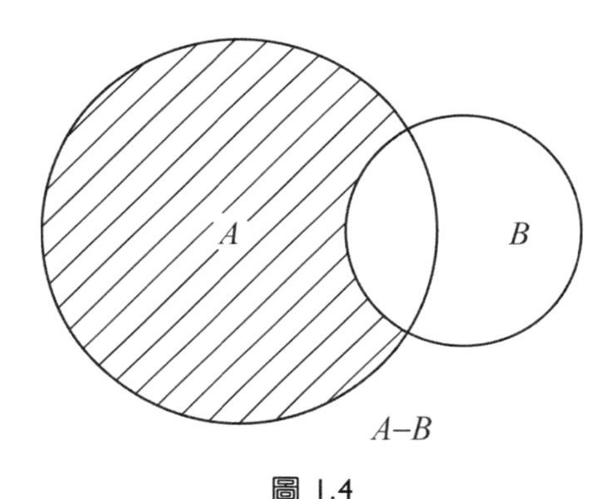

圖 1.4

相對於空集合，我們在研討集合時，通常以宇集合 U 表示討論中所有元素所成的集合。因此研討中的任何集合皆為宇集合 U 的一個子集合。

例如： U 為平面所有點所成的集合，則一直線 L 為 U 的部分集合。

設 $A\subset U$（宇集合），則令 $A'=\{x|x\notin A且x\in U\}$ 稱為 A 的補集合。

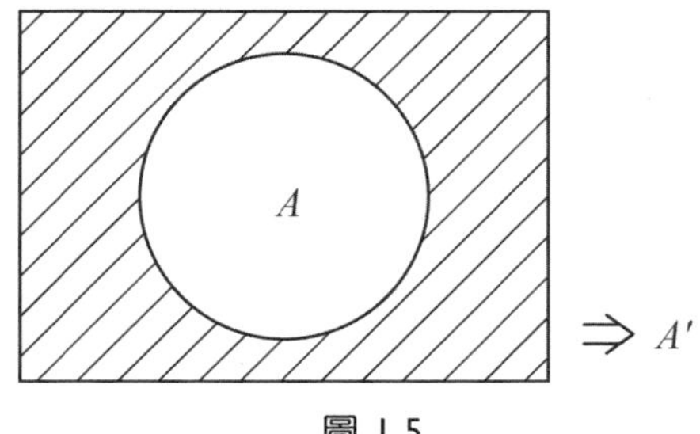

圖 1.5

如圖 1.5 表示 A'

由圖易知 $A\cup A'=U$，$A\cap A'=\phi$

例題 1

設 $A=\{1,2,3\}$，$B=\{2,3,4\}$，$C=\{3,4,5\}$，試求：

(1) $A\cap(B\cup C)$

(2) $(A\cap B)\cup(A\cap C)$

(3) $A\cup(B\cap C)$

(4) $(A\cup B)\cap(A\cup C)$

解 (1) $A\cap(B\cup C)=\{1,2,3\}\cap\{2,3,4,5\}=\{2,3\}$。

(2) $(A\cap B)\cup(A\cap C)=\{2,3\}\cup\{3\}=\{2,3\}$。

(3) $A\cup(B\cap C)=\{1,2,3\}\cup\{3,4\}=\{1,2,3,4\}$。

(4) $(A\cup B)\cap(A\cup C)=\{1,2,3,4\}\cap\{1,2,3,4,5\}=\{1,2,3,4\}$。

例題 2

設 $U=$ {甲，乙，丙，丁，戊，己，庚，辛，壬，癸} 為一個字集合。

$A=$ {甲，乙，丙，丁，戊}，$B=$ {丙，丁，己，庚，壬}

試求：

(1) A' (2) B' (3) $(A\cap B)'$ (4) $A'\cup B'$ (5) $(A\cup B)'$ (6) $A'\cap B'$

解 (1) $A'=$ {己，庚，辛，壬，癸}

(2) $B'=$ {甲，乙，戊，辛，癸}

(3) $A\cap B=$ {丙，丁}

$(A\cap B)'=$ {甲，乙，戊，己，庚，辛，壬，癸}

(4) $A'\cup B'=$ {甲，乙，戊，己，庚，辛，壬，癸}

(5) $A \cup B = \{$甲，乙，丙，丁，戊，己，庚，壬$\}$

$(A \cup B)' = \{$辛，癸$\}$

(6) $A' \cap B' = \{$己，庚，辛，壬，癸$\} \cap \{$甲，乙，戊，辛，癸$\}$

$= \{$辛，癸$\}$

由例題 1，2 我們有如下性質：

性質：

(1) $A \cap (B \cup C) = (A \cap B) \cup (A \cap C)$

(2) $A \cup (B \cap C) = (A \cup B) \cap (A \cup C)$

(3) $(A \cap B)' = A' \cup B'$

(4) $(A \cup B)' = A' \cap B'$

上述結果可經由定義證明。

習題 1-1

EXERCISE

1. 用表列式寫出下列各集合。

 (1) 1~10 為質數的數所成集合。

 (2) $A=\{x|x^2=2x\}$

2. 用集合結構式寫出下列各集合。

 (1) $A=\{3,9,15,21,27\}$

 (2) $B=\{2,4,8,16,32,\cdots\cdots\}$

3. 設 $U=\{1,2,3,4,5,6,7,8\}$、$A=\{1,3,5\}$、$B=\{2,3,5\}$、$C=\{4,5,6\}$

 試求：

 (1) $(A\cup B)$ (2) $(A\cup B)\cap C$ (3) $A\cap C$ (4) $A\setminus B$

 (5) A' (6) $(A\setminus C)'$

4. $A=\{3x|x$為自然數$\}$，$B=\{5x|x$為自然數$\}$，求 $A\cap B$。

1-2 數與數學

原始人類對於"數"只有"有"及"無"的觀念，隨著部落的形成及生活的進化，就產生 1，2，3，4，5…的自然數概念。在自然數系中，加法及乘法運算滿足封閉性（亦即二運算結果仍是自然數）但減法就不滿足。於是引進了"0"及負整數，構成了"整數"數系。明顯的整數對除法仍不具封閉性，所以我們再將數系推廣，舉凡數可寫成 $\frac{p}{q}$（p,q 為整數，$q \neq 0$）稱為有理數。至此有理數完全滿足四則運算的封閉性。相對於有理數，不能寫成二整數相除的數（例如：π, $\sqrt{2}$，不循環小數）稱為無理數。有理數與無理數統稱為實數。

我們習慣以：

"N"表示自然數所成的集合

"Z"表示整數所成的集合

"Q"表示有理數所成的集合

"Q'"表示無理數所成的集合

"R"表示實數所成的集合

上述數系間的包含關係，可以表示如下：

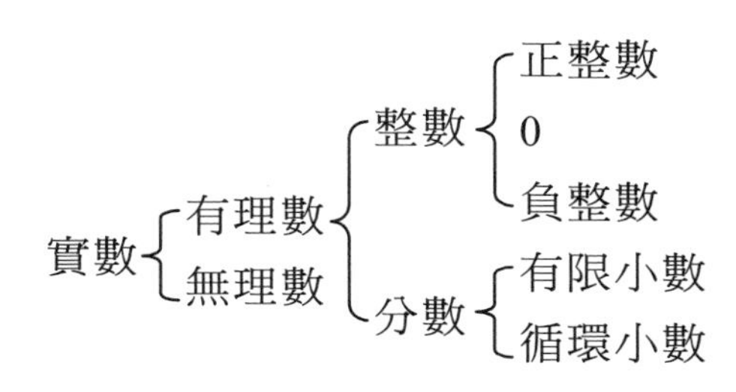

 1

試將下列循環小數化為最簡分數：

(1) $0.\overline{3}$ (2) $0.2\overline{3}$

解 (1) 設 $x = 0.\overline{3}$ —①

$10x = 3.\overline{3}$ —②

②－① $9x = 3$

$$x = \frac{3}{9} = \frac{1}{3}$$

(2) 設 $x = 0.2\overline{3}$ —①

$10x = 2.\overline{3}$ —②

$100x = 23.\overline{3}$ —③

③－② $90x = 22$

$$x = \frac{21}{90} = \frac{7}{30}$$

在國中時，各位已學過數線。在這線上取一點 O 表示零，稱為原點。習慣上以原點的右方為正數，左方為負數。取適當的單位長，經由作圖可以發現，數線上的點與實數間有如下關係：

(1) 對於數線上每一點 P，恰有唯一實數與其對應。

(2) 對於每一實數 x，恰有唯一一點 P 與其對應。

這種對應關係，便建立實數在數線上的坐標系。

實數對加法及乘法具有下列性質：

若 x, y, z∈R 則

(1) $x+y\in R$，$x\cdot y\in R$ （封閉性）

(2) $x+y=y+x$ （加法交換律）

(3) $x+(y+z)=(x+y)+z$ （加法結合律）

$x\cdot(y\cdot z)=(x\cdot y)\cdot z$ （乘法結合律）

(4) $x+0=0+x=x$ （0 為加法單位元素）

$a\cdot 1=1\cdot a=a$ （1 為乘法單位元素）

(5) 對任意實數 x，存在唯一實數 y，使得 $x+y=0$，y 稱為 x 加法反元素。通常以"$-x$"表示 y。

(6) 對任意實數 $x\neq 0$，存在唯一實數 y，使得 $x\cdot y=1$，y 稱為 x 乘法反元素。通常以"x^{-1}"或"$\frac{1}{x}$"表示 y。

對於兩實數 a,b，其 $(a-b)^2\geq 0$ 展開後得：$a^2-2ab+b^2\geq 0$ 移項得 $a^2+b^2\geq 2ab$ 並且當 $a=b$ 時等號成立。根據上述不等式關係，若 $a>0$，$b>0$ 則 $\left(\sqrt{a}\right)^2+\left(\sqrt{b}\right)^2\geq 2\sqrt{a}\sqrt{b}$ 即 $a+b\geq 2\sqrt{ab}$

歸納得不等式：$\frac{a+b}{2}\geq\sqrt{ab}$ 且當 $a=b$ 時等號成立

對於兩正實數 a,b 而言，$\frac{a+b}{2}$ 稱為 a 和 b 的算術平均數，$\sqrt{ab}$ 稱為 a 和 b 的幾何平均數，因此任意兩正數的算術平均數恆大於或等於其幾何平均數，此性質稱為算幾不等式。

例題 2

已知 a,b 為正數若 $a+b=16$，試求 a,b 最大值及此時 a,b 之值為何？

解 $\frac{a+b}{2} \geq \sqrt{ab}$

將 $a+b=16$ 代入得

$\frac{16}{2} \geq \sqrt{ab}$ 即 $8 \geq \sqrt{ab}$

所以 $ab \leq 64$ 且當 $a=b=8$ 時等號成立

故 a,b 的最大值為 64。

在數軸上，若 y 在 x 的右邊（亦即 $y-x$ 為正數），則我們記作 $y>x$（讀作 y 大於 x）或 $x<y$（讀作 x 小於 y）。

實數對“＞”，“＜”有如下基本性質：

1. 下列三式恰有一成立
   $x>y$，$x=y$，$x<y$ 三一律
2. 若 $x<y$，$y<z$ 則 $x<z$ 遞移律
3. 若 $x<y$ 則 $x+z<y+z$ 加法律
4. 若 $x<y$，$z>0$ 則 $xz<yz$ 乘法律
5. 若 $x<y$，$z<0$ 則 $xz>yz$

由三一律知，若 $x>y$ 不成立，則 $x=y$ 或 $x<y$，我們以 $x \leq y$ 表示。相對的，若 $x<y$ 不成立，我們以 $x \geq y$ 表示。

例如：$1 \leq 3$，$7 \leq 7$ 皆為正確的次序關係

基於往後討論方便，我們對於下列四集合，給予特殊符號代替之。

$\{x|a<x<b\}=(a,b)$（不含端點 a, b）

$\{x|a\le x\le b\}=[a,b]$（含端點 a, b）

$\{x|a\le x<b\}=[a,b)$（含端點 a，不含端點 b）

$\{x|a<x\le b\}=(a,b]$（不含端點 a，含端點 b）

其中 (a,b) 稱為開區間，$[a,b]$ 稱為閉區間。$[a,b)$ 稱為半開區間或半閉區間。同理，我們也給下列四集合，以區間符號表示。

$\{x|x\ge a\}=[a,\infty)$，$\{x|x>a\}=(a,\infty)$

$\{x|x\le a\}=(-\infty,a]$，$\{x|x<a\}=(-\infty,a)$

不難看出 $R=(-\infty,\infty)$。其中 ∞ 表正無限大，$-\infty$ 表負無限大，二者皆為符號，並非實數。

設 $A\subset R$，則數線上點集合 $\{x|x\in A\}$ 稱為 A 的圖形。

例題 3

畫出下列各集合圖形：

(1) $[-4,3)$　(2) $[-2,1]$　(3) $(0,3)$　(4) $(-\infty,1)$

解

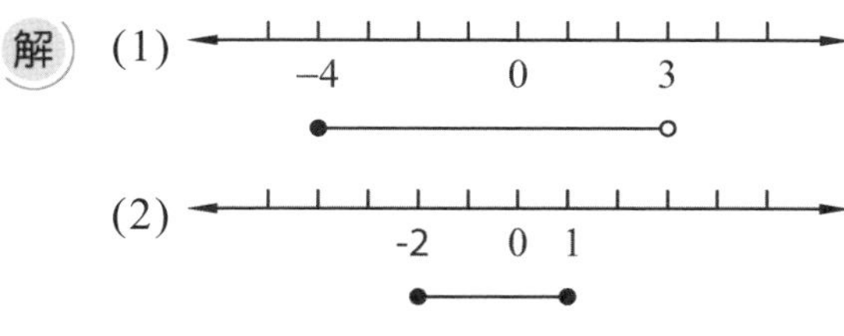

(3)

0　3

(4)

0　1

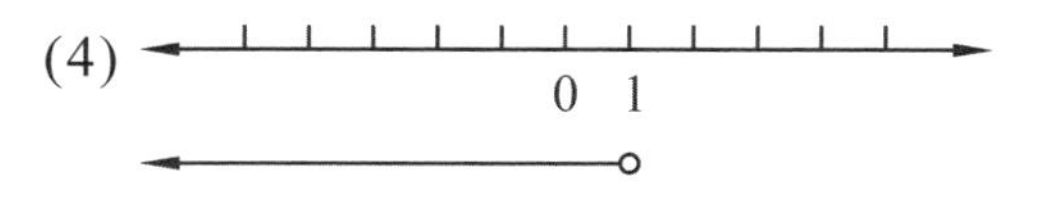

習題 1-2

EXERCISE

1. 判別下列各數何者為有理數？何者為無理數？

   $0.\overline{3}$、$\dfrac{2}{3}$、π、$\sqrt{5}$、$\sqrt{9}$、$-2.\overline{13}$

2. 試將下列循環小數化為最簡分數：

   (1) $0.\overline{5}$　(2) $0.3\overline{8}$　(3) $0.4\overline{19}$

3. 已知 a,b 是正實數，若 $2a+3b+5=17$

   試求：ab 之最大值及此數 a,b 之值。

4. 將下列區間以數線表之：

   (1) $[3,8]$　(2) $(-\infty,6]$　(3) $(-5,3)$　(4) $[-4,\infty)$

5. 設 $U=[-8,7]$ 、$A=(-3,5)$、$B=[-6,2]$、$C=[1,6)$

   求：(1) $A\cap B$　(2) $B\cup C$　(3) $(A\cup B)\cap C$　(4) $A\setminus B$　(5) A'

   (6) B'　(7) $A'\cap B'$　(8) $(A\cup B)'$

1-3 絕對值與平方根

定義 1-4

若 $x \in R$，則 $|x| = \begin{cases} x, & 當x \geq 0 \\ -x, & 當x < 0 \end{cases}$

我們稱 $|x|$ 為 x 的絕對值。

絕對值的幾何意義

在數線上，點 A 的坐標為 a，以符號 $A(a)$ 表示之，點 $A(a)$ 與原點之間的距離以符號 $|a|$ 表示，稱為數 a 的絕對值。當絕對值越大表示離原點越遠，反之越小，表示和原點距離越近。

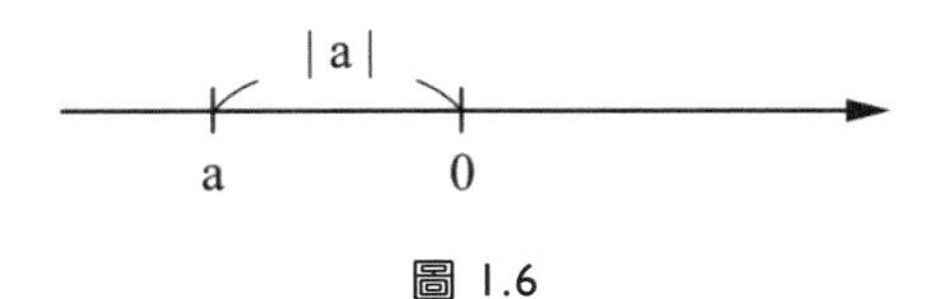

圖 1.6

例題 1

設 $|x| = 3$，求 x 之值？

解

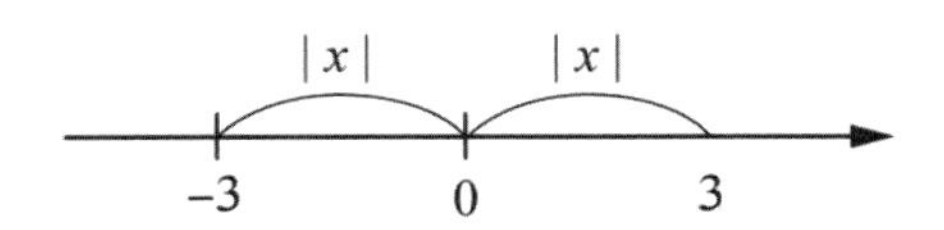

$x = 3$ 或 -3

例題 2

設 $|2x-3|=5$，求 x 之值？

解

$2x-3=5$

$2x=8$

$x=4$

或

$2x-3=-5$

$2x=-2$

$x=-1$

故 $x=4$ 或 $x=-1$

例題 3

試作函數 $f(x)=|2x-1|$ 之圖形。

解

令 $|2x-1|=0$

則 $2x-1=0$　得 $x=\frac{1}{2}$

(1) $x\le\frac{1}{2}$ 時，$f(x)=-(2x-1)=-2x+1$

x	0	$\frac{1}{2}$
$f(x)$	1	0

(2) $x \ge \frac{1}{2}$時，$f(x)=2x-1$

x	$\frac{1}{2}$	1
$f(x)$	0	1

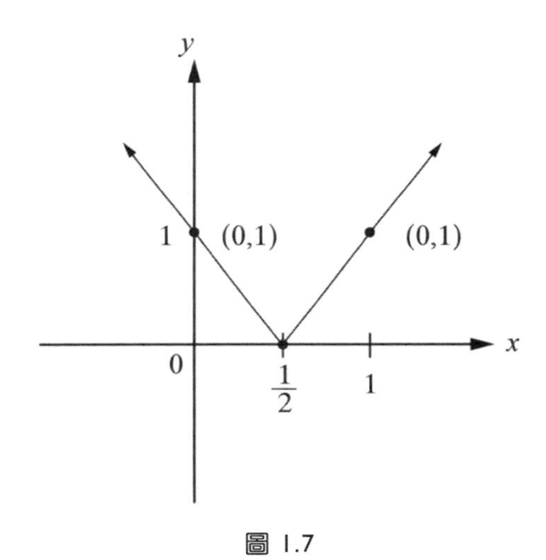

圖 1.7

例題 4

試作函數 $f(x)=|x+1|+|x-2|$ 之圖形。

解 令 $|x+1|+|x-2|=0$

則 $x+1=0$ 且 $x-2=0$

得 $x=-1$ 且 $x=2$

(1) 當 $x \le -1$時，$f(x)=-(x+1)-(x-2)=-2x+1$

x	-2	-1
$f(x)$	5	3

(2) 當 $-1<x\leq 2$ 時， $f(x)=(x+1)-(x-2)=3$

x	-1	2
$f(x)$	3	3

(3) 當 $x>2$ 時， $f(x)=(x+1)-(x-2)=2x-1$

x	2	3
$f(x)$	3	5

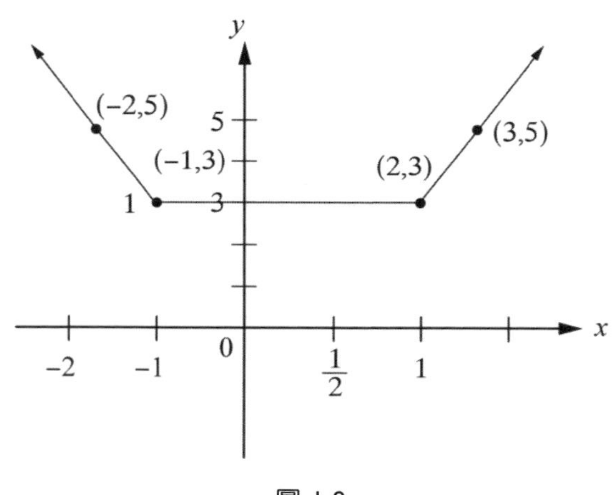

圖 1.8

例題 5

若 $|2x-5|\leq 3$，求滿足左式 x 所在區間。

解 $-3\leq 2x-5\leq 3$

$\Rightarrow 2\leq 2x\leq 8$

$\Rightarrow 1\leq x\leq 4$

故 $x\in[1,4]$

例題 6

若 $|3x+1|>5$，求滿足左式 x 所在區間。

解 (1) $3x+1<-5$

$3x<-6$

$x<-2$

(2) $3x+1>5$

$3x>4$

$x>\frac{4}{3}$

故 $x\in(-\infty,-2)\cup\left(\frac{4}{3},\infty\right)$

若 $y\geq 0$ 且 $x^2=y$，則稱 x 為 y 之平方根。例如：3, －3 皆為 9 的平方根。通常我們以 $\sqrt{y}$ 表示 y 的正平方根。例如：$\sqrt{9}=3$ 為 9 的正平方根。當然 $-\sqrt{y}$ 是 y 的另一個平方根。

例題 7

求下列之值(1) $\sqrt{16}$ (2) $\sqrt{(-7)^2}$。

(1) $\sqrt{16}=4$

(2) $\sqrt{(-7)^2}=\sqrt{49}=7$

習題 1-3

EXERCISE

1. 若 $|4x+3|=7$，試求 x 值。

2. 試作函數 $f(x)=|x-3|$ 之圖形。

3. 試作函數 $f(x)=|x-1|+|x-2|+|x-3|$ 之圖形。

4. 若 $|2x+5|<7$，求滿足左式之 x 所在區間。

5. 若 $|5x-3|\geq 8$，求滿足左式之 x 所在區間。

6. 若 $x<2$，求 $\sqrt{x^2-4x+4}$。

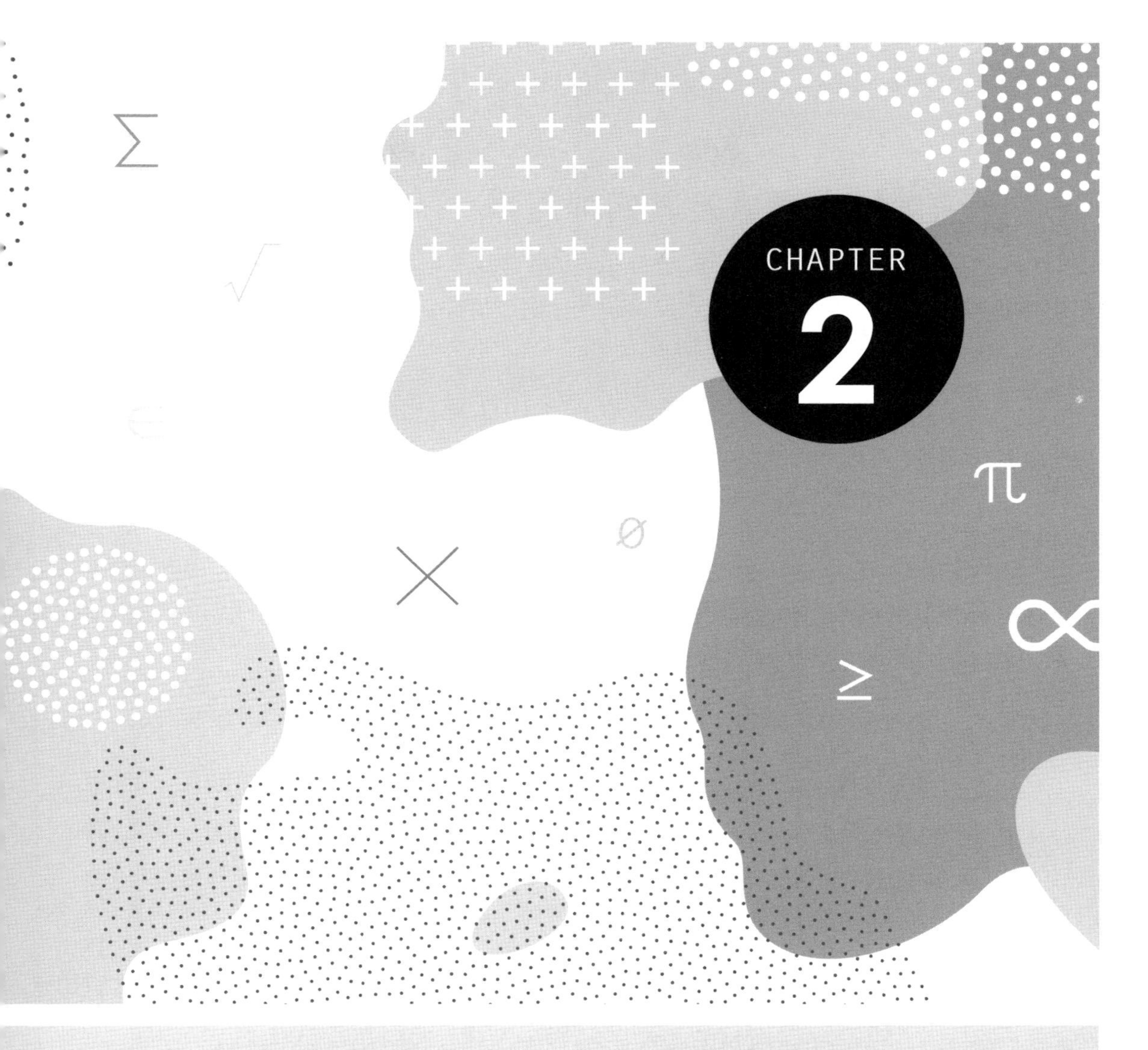

多項式函數

2-1　多項式及其四則運算
2-2　綜合除法與餘式定理
2-3　因式分解與公因式、公倍式
2-4　分式運算

2-1 多項式及其四則運算

設 A，B 為兩個非空集合，若 A 中之每一元素 x，在 B 中恰有一元素 y 與之對應，此種對應型式表為

$$f : A \to B$$

則稱 f 為從 A 映至 B 之一函數，或稱 f 為定義於 A 的函數，其中 A 稱為定義域，B 稱為對應域。

我們學數學主要是利用數的四則運算，來解決一些實際問題。而我們常用一些符號 $x, y, z\cdots$來表示問題中的未知數（這些未知數，滿足數的運算性質）。利用問題內容，將這些未知數及數表成算式。於是問題本身就轉為解方程式問題。

習慣上，這些未知數（不定元）彼此相乘或與數相乘，我們統稱單項式。例如：$3x^2$, $-4xyz$, $\sqrt{5}x^2y$ 皆為單項式。而單項式經過加、減、乘運算形成的式子，稱為多項式。一多項式只含一未知數，稱為單元多項式，否則稱為多元多項式。本章著眼點放在單元多項式。

每一個含不定元 x 的多項式，都可以寫成下列形式：

$$f(x) = a_n x^n + a_{n-1}x^{n-1} + \cdots a_1 x + a_0 \qquad n\text{為非負整數}$$

式中 a_n, $a_{n-1}\cdots a_0$ 皆為實數，a_k 稱為 $f(x)$ 中 a_k 的係數，a_0 叫做常數項。當 $a_n \neq 0$時，n 叫做 $f(x)$ 次數，以 $\deg f(x) = n$表示。

若 $f(x)=0$，我們稱 $f(x)$ 為零多項式。對零多項式，我們不定義次數，這有別於 0 次多項式（常數多項式）。而 $f(a)$ 表示 $x=a$ 代入多項式所求之值。

例如： x^3+x^2+1 為三次多項式，5 為零次多項式。

為方便多項式間運算，通常我們將多項式中的每一項按照 x 的次方，由大而小排列或由小而大排列。由大而小排列叫做降冪，由小而大叫作升冪。

例題 1

試將 $f(x)=3x^2-4x^3+5x^4-3+2x$ 作降冪排列。

解 $f(x)=3x^2-4x^3+5x^4-3+2x$

$=5x^4-4x^3+3x^2+2x-3$

由於多項式的不定元"x"具有數的通性，所以應用數的運算性質，我們就不難得出多項式四則運算法則。

一、多項式的加減法

計算多項式的加減法，我們只要將同次項的係數相加減即可。

例題 2

試 $f(x)=x^4+3x^2-5x+4$， $g(x)=2x^3-x^2+2x-3$，求

(1) $f(x)+g(x)$ (2) $f(x)-g(x)$。

解 (1) $f(x)+g(x)=(x^4+3x^2-5x+4)+(2x^3-x^2+2x-3)$

$=x^4+2x^3+2x^2-3x+1$

(2) $f(x)-g(x)=(x^4+3x^2-5x+4)-(2x^3-x^2+2x-3)$

$=x^4-2x^3+4x^2-7x+7$

二、多項式的加乘法

多項式 $f(x)$ ， $g(x)$ 的積，以 $f(x)\cdot g(x)$ 表示。

例題 3

設 $f(x)=5x+3$ ， $g(x)=3x^2-2x-2$ ，求 $f(x)\cdot g(x)$ 。

解 $f(x)\cdot g(x)=(5x+3)(3x^2-2x-2)$（分配律）

$=5x\cdot(3x^2-2x-2)+3\cdot(3x^2-2x-2)$

$=5x\cdot 3x^2-5x\cdot 2x-5x\cdot 2+3\cdot 3x^2-3\cdot 2x-3\cdot 2$

$=15x^3-10x^2-10x+9x^2-6x-6$

$=15x^3-x^2-16x-6$

例題 3 的運算，亦可用直式來寫：

$$
\begin{array}{rrrrrrrr}
 & & & & & 5x & + & 3 \\
\times) & & & 3x^2 & - & 2x & - & 2 \\
\hline
 & & & & - & 10x & - & 6 \\
 & & - & 10x^2 & - & 6x & & \\
15x^3 & & + & 9x^2 & & & & \\
\hline
15x^3 & & - & x^2 & - & 16x & - & 6
\end{array}
$$

上列直式運算，若將不定元 x 省略只將其係數列出，缺項則以 0 補之再來運算，此法稱為分離係數法。

例題 4

設 $f(x)=x^3-x+2$， $g(x)=2x-3$，利用分離係數法求 $f(x)\cdot g(x)$。

$$
\begin{array}{rrrrrrrrr}
 & & 1 & + & 0 & - & 1 & + & 2 \\
\times) & & & & & & 2 & - & 3 \\
\hline
 & - & 3 & + & 0 & + & 3 & - & 6 \\
2 & + & 0 & - & 2 & + & 4 & & \\
\hline
2 & - & 3 & - & 2 & + & 7 & - & 6
\end{array}
$$

所以

$$f(x)\cdot g(x)=2x^4-3x^3-2x^2+7x-6$$

三、多項式的除法

仿照數的除法，我們也可以作多項式除法。

例題 5

以 $x-2$ 除 x^3-x+4。

解 我們以逐步運算，來說明多項式除法運算：

(1)

$$
\begin{array}{r|l}
 & \boxed{x^2} \\ \hline
x-2 & x^3+0x^2-x+4 \\
 & \boxed{x^3-2x^2} \\ \hline
 & 2x^2-x
\end{array}
$$

$\longleftarrow x^3 \div x = x^2$

$\longleftarrow x^2 \cdot (x-2) = x^3-2x^2$

(2)

$$
\begin{array}{r|l}
 & x^2+\boxed{2x} \\ \hline
x-2 & x^3+0x^2-x+4 \\
 & \boxed{x^3-2x^2} \\ \hline
 & 2x^2-x \\
 & \boxed{2x^2-4x} \\ \hline
 & 3x+4
\end{array}
$$

$\longleftarrow 2x^2 \div x = 2x$

$\longleftarrow 2x \cdot (x-2) = 2x^2-4x$

(3)

$$
\begin{array}{r|l}
 & x^2+2x+\boxed{3} \\ \hline
x-2 & x^3+0x^2-x+4 \\
 & x^3-2x^2 \\ \hline
 & 2x^2-x \\
 & 2x^2-4x \\ \hline
 & 3x+4 \\
 & \boxed{3x-6} \\ \hline
 & 10
\end{array}
$$

$\longleftarrow 3x \div x = 3$

$\longleftarrow 3 \cdot (x-2) = 3x-6$

上述方法稱為長除法，亦可用分離係數法來計算。

$$
\begin{array}{rrrrrrrrr}
 & & & & 1 & +2 & +3 \\
\cline{3-7}
1 & -2 & \big) & 1 & +0 & -1 & +4 \\
 & & & 1 & -2 & & \\
\cline{3-7}
 & & & & 2 & -1 & \\
 & & & & 2 & -4 & \\
\cline{5-7}
 & & & & & 3 & +4 \\
 & & & & & 3 & -6 \\
\cline{6-7}
 & & & & & & 10
\end{array}
$$

演算至此，我們發現“10”比除式 $x-2$ 次數較低，至此除法運算結束。

其中 x^2+2x+3 稱為 $x-2$ 除 x^3-x+4 的商式，10 稱為餘式。

亦即

$$(x^3-x+4)\div(x-2)=x^2+2x+3\cdots\text{餘 }10$$

或

$$x^3-x+4=(x-2)(x^2+2x+3)+10$$

事實上，若 $f(x)$, $g(x)$ 是兩個多項式，且 $\deg f(x)\geq\deg g(x)$，則由多項式除法定理，可知恰有二多項式 $q(x)$ 及 $R(x)$ 滿足

$$f(x)=q(x)g(x)+R(x)$$

其中 $R(x)=0$ 或 $\deg R(x)<\deg g(x)$ 上式 $q(x)$ 為商式，$R(x)$ 為餘式。

例題 6

設 $f(x)=x^4-x^3+2x-4$ ， $g(x)=x^2+1$ ，求 $f(x)$ 除以 $g(x)$ 的商式 $q(x)$ 及餘式 $R(x)$ 。

$$
\begin{array}{r|ccccccccc}
 & & & & & 1 & - & 1 & - & 1 \\
\cline{2-10}
1+0+1 & 1 & - & 1 & + & 0 & + & 2 & - & 4 \\
 & 1 & + & 0 & + & 1 & & & & \\
\cline{2-10}
 & & - & 1 & - & 1 & + & 2 & & \\
 & & - & 1 & - & 0 & - & 1 & & \\
\cline{3-10}
 & & & & - & 1 & + & 3 & - & 4 \\
 & & & & - & 1 & + & 0 & - & 1 \\
\cline{5-10}
 & & & & & & & 3 & - & 3
\end{array}
$$

故得

$$q(x)=x^2-x-1 \text{ ， } R(x)=3x-3$$

習題 2-1

EXERCISE

1. 若 $f(x)=x^3+x^2-4$，$g(x)=2x^3-3x^2+2x-2$

   求：

   (1) $f(x)+g(x)$

   (2) $f(x)-g(x)$

   (3) $f(x)\cdot g(x)$

2. 若 $f(x)=x^4+3x^3-2x^2+x-4$，$g(x)=x^2-2x+3$，求 $f(x)$ 除以 $g(x)$ 的商式及餘式。

3. 若 $f(x)=x^4-2x^3+3x^2-4x+15$ 除以 $g(x)$ 得商 $x^2-4x+10$ 餘式 $-20x+5$，求 $g(x)$。

4. 若 $f(x)=(x^2+1)^2(x+3)$，求 $\deg f(x)$。

5. 若 $f(x)=(x^2-x+3^2)\cdot(x^2-2x+1)$，$g(x)=x^3-6x^2+x+5$，求 $\deg\big(f(x)\cdot g(x)\big)$。

2-2 綜合除法與餘式定理

兩多項式相除時，若以 $x-b$ 作除式時，除了以長除法可計算外，亦可用一種較為簡便的方法，稱為綜合除法來計算。現茲就綜合除法，介紹如下：

設 $f(x)=a_nx^n+a_{n-1}x^{n-1}+\cdots+a_1x+a_0$ 為一 n 次多項式 $(n\geq 1)$ 除以 $x-b$，由長除法知，其商為 $(n-1)$ 次多項式，設為 $c_{n-1}x^{n-1}+c_{n-2}x^{n-2}+\cdots+c_1x+c_0$，而餘式為常數設為 $R(x)$，則

$$a_nx^n+a_{n-1}x^{n-1}+\cdots+a_1x+a_0 \quad (1)$$

$$=(x-b)(c_{n-1}x^{n-1}+c_{n-2}x^{n-2}+\cdots+c_1x+c_0)+R(x) \quad (2)$$

$$=c_{n-1}x^n+(c_{n-2}-bc_{n-1})x^{n-1}+\cdots+(c_0-bc_1)x+(R(x)-bc_0) \quad (3)$$

比較(1)，(2)可得

$$\begin{aligned}
c_{n-1}&=a_n\\
c_{n-2}&=a_{n-1}+bc_{n-1}\\
c_{n-3}&=a_{n-2}+bc_{n-2}\\
&\vdots\\
c_0&=a_1+bc_1\\
R(x)&=a_0+bc_0
\end{aligned}$$

如此商式及餘式便可求出。

由上討論，我們可以導出一演算式子。

$$\begin{array}{ccccccccccc|l}
a_n & + & a_{n-1} & + & a_{n-2} & + & \ldots. & + & a_1 & + & a_0 & b\\
 & & bc_{n-1} & + & bc_{n-2} & + & \ldots. & + & bc_1 & + & bc_0 & \\
\hline
a_n & + & c_{n-1} & + & c_{n-2} & + & \ldots. & + & c_0 & + & R(x) & \\
\| & & & & & & & & & & & \\
c_{n-1} & & & & & & & & & & &
\end{array}$$

其中 $a_{n-k}+bc_{n-k}$ 為商式 $x^{n-(k+1)}$ 的係數 $1\le k\le n-1$

a_n 為商式 x^{n-1} 的係數， $a_0+bc_0=R(x)$ 為餘式

上述方法即為綜合除法。

例題 1

用綜合除法求 $x-2$ 除 x^3+2x-4 的商式及餘式。

$$
\begin{array}{ccccccc|c}
1 & + & 0 & + & 2 & - & 4 & 2 \\
 & + & 2 & + & 4 & + & 12 & \\
\hline
1 & + & 2 & + & 6 & + & 8 &
\end{array}
$$

所以商式 $=x^2+2x+6$ ，餘式 $=8$

現若除式改為 $ax-b$ ，則依據多項式除法定理，我們得知

$$
\begin{aligned}
f(x)&=(ax-b)q(x)+R(x) \text{（其中 } q(x) \text{ 為商式， } R(x) \text{ 為餘式）}\\
&=\left(x-\frac{b}{a}\right)aq(x)+R(x)
\end{aligned}
$$

因此除式若為($ax-b$)，我們可視為 $f(x)$ 除以 $(x-\frac{b}{a})$ 所得的商式再乘以 $\frac{1}{a}$ ，即為商式，而餘式不變。

例題 2

求 $2x-1$ 除 $4x^3-6x^2+8x-5$ 的商式及餘式。

解

$$\begin{array}{rrrr|l} 4 & -6 & +8 & -5 & \frac{1}{2} \\ & +2 & -2 & +3 & \\ \hline 4 & -4 & +6 & -2 & \end{array}$$

得商式 $\frac{1}{2}(4x^2-4x+6)=2x^2-2x+3$，餘式＝－2

定理 2-1 餘式定理

設 $f(x)$ 為一 n 次多項式 $(n\geq 1)$，則 $f(x)$ 除以 $x-a$ 的餘式為 $f(a)$

證明 由多項式除法定理可知，恰有二多項式 $q(x)$ 及 $R(x)$ 滿足 $f(x)=q(x)(x-a)+R(x)$（其中 $q(x)$ 為商式，$R(x)$ 為餘式）

令 $x=a$，得 $f(a)=q(x)(a-a)+R(x)$，即 $f(a)=R(x)$

例題 3

求 $x^5-4x^3+2x^2-5x+4$ 除以 $x-1$ 的餘式。

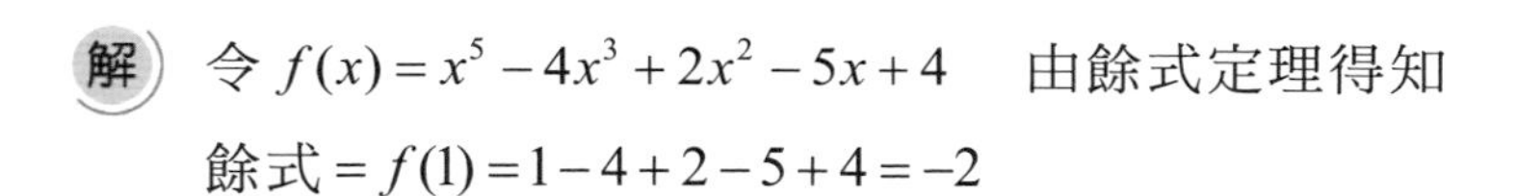

解 令 $f(x)=x^5-4x^3+2x^2-5x+4$　由餘式定理得知

餘式 $=f(1)=1-4+2-5+4=-2$

例題 4

設 $f(x)=361x^4-690x^3-61x^2+9x-17$，求 $f(2)$。

解 $f(2)$ 為 $x=2$ 代入 $f(2)$，若直接計算，顯然不易。但由餘式定理可知

$f(2)$ 就是 $f(x)$ 除以 $x-2$ 的餘式。所以利用綜合除法，較容易計算 $f(2)$

$$\begin{array}{rrrrr|l} 361 & -690 & -61 & +9 & -17 & 2 \\ & +722 & +64 & +6 & +30 & \\ \hline 361 & +32 & +3 & +15 & +13 & \end{array}$$

所以 $f(2)=13$

例題 5

若 $f(x)=x^3-2x^2+kx-5$ 除以 $x+1$ 餘式為 3。求 k 之值。

解 由餘式定理知，餘式 $=f(-1)=3$

即 $-1-2-k-5=3 \Rightarrow k=-11$

例題 6

設 $f(x)$ 為 n 次多項式 $(n \geq 2)$，其除以 $(x-1)$ 餘式為 3，除以 $(x+1)$ 餘式為 -2，求 $f(x)$ 除以 $(x-1)(x+1)$ 之餘式。

解 由多項式除法定理，可令

$$f(x)=q(x)(x-1)(x+1)+ax+b$$

現已知

$$f(1)=3 \Rightarrow a+b=3 \quad (1)$$

$$f(-1)=-2 \Rightarrow -a+b=-2 \quad (2)$$

解(1)，(2)聯立方程式

得 $a=\dfrac{5}{2}$，$b=\dfrac{1}{2}$　所以餘式為 $\dfrac{5}{2}x+\dfrac{1}{2}$

例題 7

若 $x^3+x^2-2x+3=A(x-2)^3+B(x-2)^2+C(x-2)+D$ 利用綜合除法求 A, B, C, D（後式稱 x^3+x^2-2x+3 表為 $x-2$ 的多項式）

解

$$\begin{array}{rrrr|l}
1 & +1 & -2 & +3 & 2 \\
 & +2 & +6 & +8 & \\
\hline
1 & +3 & +4 & +11 & \rightarrow D \\
 & +2 & +10 & & \\
\hline
1 & +5 & +14 & & \rightarrow C \\
 & +2 & & & \\
\hline
1 & +7 & & & \rightarrow B \\
\downarrow & & & & \\
A & & & &
\end{array}$$

所以 $x^3+x^2-2x+3=(x-2)^3+7(x-2)^2+14(x-2)+11$

習題 2-2

EXERCISE

1. 利用綜合除法，求下列各題的商式及餘式：

   (1) x^3+3x^2-2x-4 除以 $x+1$。

   (2) $2x^3-3x^2-2$ 除以 $2x-1$。

2. 求 $x^6-3x^4+2x^2-x+3$ 除以 $x-2$ 的餘式。

3. 若 $f(x)=x^5-20x^4+80x^3+17x^2+5x-2$，求 $f(6)$。

4. 若 x^3-ax^2+2x-4 能被 $x-1$ 整除，求 a 之值。

5. 若 x^3+ax^2-bx-2 能被 x^2-1 整除，求 a, b 之值。

6. 若 $x^3-2x^2+x-1=A(x-1)^3+B(x-1)^2+C(x-1)+D$，求 A, B, C, D。

2-3 因式分解與公因式、公倍式

設 $f(x),g(x)$ 為二多項式，由除法定理可知恰有二多項式 $q(x),R(x)$ 滿足：

$$f(x)=q(x)g(x)+R(x) \text{（其中 } \deg R(x)<\deg g(x) \text{ 或 } R(x)=0 \text{）}$$

當 $R(x)=0$ 時，則 $f(x)=q(x)g(x)$，即 $g(x)$ 可以整除 $f(x)$。

此時我們稱 $g(x)$ 為 $f(x)$ 的一個因式，$f(x)$ 為 $g(x)$ 的一個倍式。當然 $q(x)$ 亦為 $f(x)$ 的一個因式。

定理 2-2 因式定理

設 $f(x)$ 為一多項式，則 $x-a$ 為 $f(x)$ 的因式 $\Leftrightarrow f(a)=0$。

例題 1

設 $f(x)=(2x+7)^5-1$，試證 $(x+3)$ 為 $f(x)$ 因式。

證明 因為 $f(-3)=(-6+7)^5-1=0$，由因式定理知 $(x+3)$ 為 $f(x)$ 的因式。

在實數系多項式中，一多項式 $P(x)$ 除了常數及 $P(x)$ 常數倍為其因式外，再無其他因式。我們特稱 $P(x)$ 為質式，例如：x^2+1 為一質式。

將多項式 $f(x)$ 表成幾個質式相乘積，就稱為多項式因式分解。

讀者在國中已學過因式分解。現介紹常用的三種方法。在介紹之前，請先熟記下列公式：

1. $a^2-b^2=(a-b)(a+b)$

2. $a^2\pm 2ab+b^2=(a\pm b)^2$

3. $a^3\pm 3a^2b+3ab^2\pm b^3=(a\pm b)^3$

4. $a^3+b^3=(a+b)(a^2-ab+b^2)$

5. $a^3-b^3=(a-b)(a^2+ab+b^2)$

一、從各項中提出共同因式

例題 2

將下列各式因式分解：

(1) x^3-5x^2

(2) x^2y-xy^2

(1) $x^3-5x^2=x^2(x-5)$

(2) $x^2y-xy^2=xy(x-y)$

二、十字交乘法

例題 3

將下列各式因式分解：

(1) $2x^2-x-10$

(2) $3x^2-4xy+y^2$

解 (1)
$$\begin{array}{ccc} 2 & & -5 \\ & \times & \\ 1 & & +2 \end{array}$$

$\Rightarrow 2\times 2+1\times(-5)=-1$

$2x^2-x-10=(2x-5)(x+2)$

(2)
$$\begin{array}{ccc} 3x & & -y \\ & \times & \\ x & & -y \end{array}$$

$\Rightarrow 3x\cdot(-y)+x\cdot(-y)=-4xy$

$3x^2-4xy+y^2=(3x-y)(x-y)$

三、整係數一次因式檢查法

此種方法是一種驗證方式，我們以一個實例說明：

例題 4

求 $f(x)=2x^3-5x^2-4x+3$ 的因式分解。

解 $f(x)$ 的最高次項係數為 2，其因數有 ±1，±2。

$f(x)$ 的常數項為 3，其因數有 ±1，±3。

若 $ax-b$ 為 $f(x)$ 的因式 a，b 互質。則由整係數一次因式檢查法可知：

a 為 2 的因數，b 為 3 的因數。

我們將所有可能的 $ax-b$ 排列如下：

$$x+1 \text{，} x-1 \text{，} x+3 \text{，} x-3$$

$$2x+1 \text{，} 2x-1 \text{，} 2x+3 \text{，} 2x-3$$

（其中我們將 $-x-1=-(x+1)$ 視為 $x+1$ 同型，其他討論亦同）

利用因式定理。因為

$$f\left(\frac{1}{2}\right)=0 \text{，} f(-1)=0 \text{，} f(3)=0$$

所以得

$$f(x)=(2x-1)(x+1)(x-3)$$

事實上因式分解方法很多，我們不過提出三種，各位想對因式分解運算駕輕就熟，“請多練習”。

四、公因式與公倍式

若多項式 $d(x)$ 同是多項式 $f(x)$，$g(x)$ 的因式，則稱 $d(x)$ 為 $f(x)$ 與 $g(x)$ 的公因式。公因式次數最高者，稱為最高公因式 HCF。若 $f(x)$ 與 $g(x)$ 的最高公因式為常數，則稱 $f(x)$，$g(x)$ 互質。

例題 5

設 $f(x)=x^3+1$，$g(x)=x^2-1$，求 $f(x)$ 與 $g(x)$ 的最高公因式。

解

$$f(x)=x^3+1=(x+1)(x^2-x+1)$$

$$g(x)=x^2-1=(x+1)(x-1)$$

所以 $f(x)$ 與 $g(x)$ 的最高公因式為 $x+1$。

在這裡，我們要說明兩多項式最高公因式，有無限多個。但它們之間只差個常數倍。我們習慣以最高次項係數為 1，為我們最高公因式。例 1 我們是利用因式分解，很容易得 $f(x)$ 與 $g(x)$ 的最高公因式。但一般多項式並非容易因式分解，這時要求最高公因式，就需要利用多項式輾轉相除法。

在國中，各位學過利用輾轉相除法，求出兩整數的最大公因數。同樣的，兩多項式輾轉相除法，其所依據的原理與整數同。

若 $f(x)$ 與 $g(x)$ 為二多項式則由除法定理知，恰有二多項式 $q(x)$，$R(x)$ 滿足：

$$f(x)=q(x)g(x)+R(x)$$

其中 $R(x)=0$ 或 $\deg R(x)<\deg g(x)$。

由上式，可看出 $f(x)$ 與 $g(x)$ 的最高公因式等於除式與餘式的最高公因式。輾轉相除法就是依據此原則，求得最高公因式。現就一實例說明之。

例題 6

若 $f(x)=x^3+2x-3$，$g(x)=x^3+3x^2+5x+6$，求 $f(x)$，$g(x)$ 的最高公因式。

解

1	$1+0+2-3$	$1+3+5+6$	$1+2$
	$1+3+5+6$	$1+1+3$	
	$-3 \mid -3-3-9$	$2+2+6$	
	$1+1+3$	$2+2+6$	
		0	

所以 $f(x)$ 與 $g(x)$ 最高公因式為 x^2+x+3

例題 7

若 $f(x)=x^3+2x^2-4x+5$， $g(x)=x^2+x+1$，求 $f(x)$ 與 $g(x)$ 的最高公因式。

解

$1+1$	$1+2-4+5$	$1+1+1$	$1+\frac{5}{3}$
	$1+1+1$	$1-\frac{2}{3}$	
	$1-5+5$	$\frac{5}{3}+1$	
	$1+1+1$	$\frac{5}{3}-\frac{10}{9}$	
	$-6 \mid -6+4$	$\frac{19}{9}$	
	$1-\frac{2}{3}$		

最後餘式為常數 $\frac{19}{9}$，所以 $f(x)$ 與 $g(x)$ 互質。

現在我們對輾轉相除法求最高公因式，作一總結：兩多項式輾轉相除後，如果餘式為 0，那麼之前餘式便為最高公因式。而如果最後餘式為一非零常數，便稱二多項式互質。

若 $f(x)$ 與 $g(x)$ 都是非零多項式，且 $l(x)$ 同時為 $f(x)$ 與 $g(x)$ 的倍式，則稱 $l(x)$ 為 $f(x)$ 與 $g(x)$ 的公倍式。$f(x)$ 與 $g(x)$ 公倍式中次數最低的稱為最低公倍式 LCM。

例題 8

若 $f(x)=x^2+4x+3$，$g(x)=x^2+2x-3$，求 $f(x)$ 與 $g(x)$ 最低公倍式。

解

$$f(x)=x^2+4x+3=(x+1)(x+3)$$

$$g(x)=x^2+2x-3=(x-1)(x+3)$$

所以 $f(x)$ 與 $g(x)$ 最低公倍式為 $(x+1)(x+3)(x-1)$

若 $f(x)$，$g(x)$ 最高公因式為 $d(x)$，則存在二互質多項式 $q_1(x)$，$q_2(x)$

滿足：$f(x)=d(x)\cdot q_1(x)$，$g(x)=d(x)\cdot q_2(x)$

因此 $f(x)$，$g(x)$ 最低公倍式為：

$$d(x)q_1(x)q_2(x)=\frac{f(x)g(x)}{d(x)}=\frac{f(x)}{d(x)}g(x)=f(x)\frac{g(x)}{d(x)} \tag{1}$$

例題 9

若 $f(x)=x^3+2x^2-1$，$g(x)=x^3-x^2-3x+2$，

求 $f(x)$ 與 $g(x)$ 的最高公因式為 $d(x)$ 及最低公倍式 $l(x)$。

解 利用輾轉相除法，先求最高公因式 $d(x)$

商			商
1	1 + 2 + 0 − 1	1 − 1 − 3 + 2	1 − 2
	1 − 1 − 3 + 2	1 + 1 − 1	
	3 | 3 + 3 − 3	− 2 − 2 + 2	
	1 + 1 − 1	− 2 − 2 + 2	
		0	

得

$$d(x) = x^2 + x - 1$$

由(1)式知

$$\begin{aligned} l(x) &= \frac{f(x)}{d(x)} \cdot g(x) \\ &= \frac{x^3 + 2x^2 - 1}{x^2 + x - 1} \cdot (x^3 - x^2 - 3x + 2) \\ &= (x+1)(x^3 - x^2 - 3x + 2) \end{aligned}$$

習題 2-3

EXERCISE

一、求下列多項式的因式分解：

1. x^2+5x+6

2. $3x^2-x-2$

3. $10x^2-17x+3$

4. x^2-25

5. x^3-27

6. $4x^2+12x+9$

7. x^3+2x^2-x-2

二、求下列 $f(x)$ 與 $g(x)$ 的最高公因式及最低公倍式：

8. $f(x)=x^2-2x-8$，$g(x)=x^2+7x+10$

9. $f(x)=x^3+8$，$g(x)=x^2-4$

10. $f(x)=x^4-2x^2-3x-2$，$g(x)=x^3-2x^2-x+2$

2-4 分式運算

一、分式的四則運算

相對於整數的除法，設 $f(x),g(x)$ 為二多項式，且 $g(x)\neq 0$ 則 $\dfrac{f(x)}{g(x)}$ 稱為分式。其中 $f(x)$ 稱為分式的分子，$g(x)$ 稱為分式的分母。若令 $g(x)=1$，可以看出任何多項式皆為分式。比照有理數的定義，我們也稱分式為有理式。

例如：

$$x^2+x+1\text{，}\frac{x^3+1}{x^2+1}\text{，}\frac{\sqrt{5}x^2-x+\sqrt{3}}{\sqrt{7}x-3}$$

皆為有理式。

若 $f(x)$ 與 $g(x)$ 的最高公因式為 $d(x)$，則存在 $q_1(x)$，$q_2(x)$ 滿足：

$$f(x)=q_1(x)d(x)\text{，}g(x)=q_2(x)d(x)$$

則分式

$$\frac{f(x)}{g(x)}=\frac{q_1(x)d(x)}{q_2(x)d(x)}=\frac{q_1(x)}{q_2(x)}$$

這個性質稱為約分。

一分式若分子，分母互質，則該式稱為最簡分式。

例題 1

利用約分求下列各分式的最簡分式：

(1) $\dfrac{x^2-1}{x^3-1}$

(2) $\dfrac{x^2-x-6}{x^2-2x-3}$

解 (1) $\dfrac{x^2-1}{x^3-1}=\dfrac{(x-1)(x+1)}{(x-1)(x^2+x+1)}$

$$=\frac{x+1}{x^2+x+1}$$

(2) $\dfrac{x^2-x-6}{x^2-2x-3}=\dfrac{(x-3)(x+2)}{(x-3)(x+1)}$

$$=\frac{x+2}{x+1}$$

現在我們就分式的四則運算，作一簡單介紹。

設 $f(x)$，$g(x)$，$h(x)$，$k(x)$ 為多項式，其中 $h(x)\neq 0$，$k(x)\neq 0$，則定義：

(1) $\dfrac{f(x)}{h(x)}+\dfrac{g(x)}{h(x)}=\dfrac{f(x)+g(x)}{h(x)}$ (2-1)

(2) $\dfrac{f(x)}{h(x)}-\dfrac{g(x)}{h(x)}=\dfrac{f(x)-g(x)}{h(x)}$ (2-2)

(3) $\dfrac{f(x)}{h(x)}\cdot\dfrac{g(x)}{k(x)}=\dfrac{f(x)\cdot g(x)}{h(x)\cdot k(x)}$ (2-3)

(4) $\dfrac{f(x)}{h(x)}\div\dfrac{g(x)}{k(x)}=\dfrac{f(x)}{h(x)}\times\dfrac{k(x)}{g(x)}=\dfrac{f(x)\cdot k(x)}{h(x)\cdot g(x)}$ (2-4)

此時($g(x)\neq 0$)

至於分母不同的分式相加減，應先將各分式通分，然後再依(2-1)、(2-2)的法則運算。

例題 2

化簡 $3+\dfrac{2x+1}{x-3}$ 。

解

$$3+\frac{2x+1}{x-3}=\frac{3(x-3)}{x-3}+\frac{2x+1}{x-3}=\frac{3x-9+2x+1}{x-3}=\frac{5x-8}{x-3}$$

例題 3

化簡 $\dfrac{x+6}{x^2-2x-3}-\dfrac{x-1}{x^2+x-12}$ 。

解

$$\text{原式}=\frac{x+6}{(x-3)(x+1)}-\frac{x-1}{(x-3)(x+4)}$$
$$=\frac{(x+6)(x+4)-(x-1)(x+1)}{(x-3)(x+1)(x+4)}$$
$$=\frac{(x^2+10x+24)-(x^2-1)}{(x-3)(x+1)(x+4)}$$
$$=\frac{10x+25}{(x-3)(x+1)(x+4)}$$

例題 4

化簡 $\dfrac{x^3-1}{x^2-2x-8}\cdot\dfrac{x^2-x-12}{x^2-1}$ 。

解 原式 $=\dfrac{(x-1)(x^2+x+1)}{(x-4)(x+2)}\cdot\dfrac{(x-4)(x+3)}{(x-1)(x+1)}$

$=\dfrac{(x^2+x+1)(x+3)}{(x+2)(x+1)}$

例題 5

化簡 $\dfrac{2x^2-x-1}{x^2+2x+1}\div\dfrac{3x^2-2x-1}{x^2+6x+5}$ 。

解 原式 $=\dfrac{2x^2-x-1}{x^2+2x+1}\times\dfrac{x^2+6x+5}{3x^2-2x-1}$

$=\dfrac{(2x+1)(x-1)}{(x+1)(x+1)}\times\dfrac{(x+1)(x+5)}{(3x+1)(x-1)}$

$=\dfrac{(2x+1)(x+5)}{(x+1)(3x+1)}$

例題 6

化簡 $\dfrac{\frac{1}{x}-\frac{1}{3}}{x-3}$ 。

解 原式 $=\dfrac{\frac{3-x}{3x}}{x-3}=\dfrac{-(x-3)}{3x(x-3)}=\dfrac{-1}{3x}$

二、部分分式

一個分式，若其分子為 0 或分子次數小於分母次數，則稱該分式為真分式，否則稱為假分式。

例如：

$$\frac{x-3}{x^2+1}，\frac{(x+1)^3}{x^4+x+1} \text{為真分式}$$

$$\frac{x-2}{x+3}，\frac{x^4+1}{x^3+2x+3} \text{為假分式}$$

在未來微積分課程裡，為方便積分，我們常常將真分式表成幾個真分式和或將假分式表成一個整式及幾個真分式的和。這樣的分法所得的分式稱為原分式的部分分式。現就有關部分分式定理敘述如下

定理 2-3

若 $\frac{f(x)}{p(x)q(x)}$ 為一最簡真分式且 $p(x)$，$q(x)$ 互質，則 $\frac{f(x)}{p(x)q(x)}$ 可表為二真分式 $\frac{g(x)}{p(x)}$，$\frac{h(x)}{q(x)}$ 的和且表示法唯一。

推論 2.1

若 $\frac{f(x)}{p_1(x)p_2(x)\cdots p_n(x)}$ 為一最簡真分式，且 $p_i(x)$，$p_j(x)$ 互質，其中 $i \neq j$，$1 \leq i$，$j \leq n$

則 $\frac{f(x)}{p_1(x)p_2(x)\cdots p_n(x)}$ 可表為 n 個 $\frac{g_1(x)}{p_1(x)}$，$\frac{g_2(x)}{p_2(x)}$，…，$\frac{g_n(x)}{p_n(x)}$ 真分式和。

定理 2-4

若 $\dfrac{f(x)}{(p(x))^n}$ 為一最簡真分式且 $n\in N$，則存在多項式 $f_1(x)$，$f_2(x)\ldots f_n(x)$ 次數皆小於 $p(x)$，滿足：

$$\frac{f(x)}{(p(x))^n}=\frac{f_1(x)}{p(x)}+\frac{f_2(x)}{(p(x))^2}+\cdots+\frac{f_n(x)}{(p(x))^n}$$

其表示法唯一。

例題 7

化 $\dfrac{2x+1}{(x-2)(x+3)}$ 為部分分式和。

解

設 $\dfrac{2x+1}{(x-2)(x+3)}=\dfrac{A}{x-2}+\dfrac{B}{x+3}=\dfrac{A(x+3)+B(x-2)}{(x-2)(x+3)}$

$$\Rightarrow 2x+1=A(x+3)+B(x-2) \qquad (1)$$

(1)式代入 $x=-3\Rightarrow -5=-5B\Rightarrow B=1$

(1)式代入 $x=2\Rightarrow 5=5A\Rightarrow A=1$

得 $\dfrac{2x+1}{(x-2)(x+3)}=\dfrac{1}{x-2}+\dfrac{1}{x+3}$

例題 8

化 $\dfrac{3x+2}{x^2-x-6}$ 為部分分式和。

解 因為 $\dfrac{3x+2}{x^2-x-6}=\dfrac{3x+2}{(x+2)(x-3)}$

所以設 $\dfrac{3x+2}{(x+2)(x-3)}=\dfrac{A}{x-3}+\dfrac{B}{x+2}=\dfrac{A(x+2)+B(x-3)}{(x-3)(x+23)}$

$$\Rightarrow 3x+2=A(x+2)+B(x-3) \qquad (1)$$

(1)式代入 $x=-2 \Rightarrow -4=-5B \Rightarrow B=\dfrac{4}{5}$

(1)式代入 $x=3 \Rightarrow 11=5A \Rightarrow A=\dfrac{11}{5}$

得

$$\frac{3x+2}{x^2-x-6}=\frac{\frac{11}{5}}{x-3}+\frac{\frac{4}{5}}{x+2}$$

例題 9

化 $\dfrac{x^3+x^2+1}{x^2-4}$ 為部分分式和。

解 $\dfrac{x^3+x^2+1}{x^2-4}=(x+1)+\dfrac{4x+5}{x^2-4}$

$$=(x+1)+\frac{4x+5}{(x+2)(x-2)}$$

設 $\dfrac{4x+5}{x^2-4}=\dfrac{A}{x+2}+\dfrac{B}{x-2}$

$$\Rightarrow 4x+5=A(x-2)+B(x+2) \qquad (1)$$

(1)式代入 $x=2 \Rightarrow 13=4B \Rightarrow B=\dfrac{13}{4}$

(1)式代入 $x=-2 \Rightarrow -3=-4A \Rightarrow A=\dfrac{3}{4}$

得

$$\frac{x^3+x^2+1}{x^2-4}=(x+1)+\frac{\frac{3}{4}}{x+2}+\frac{\frac{13}{4}}{x-2}$$

例題 10

化 $\dfrac{2x^2+x+1}{(x-1)(x^2+1)}$ 為部分分式和。

設 $\dfrac{2x^2+x+1}{(x-1)(x^2+1)}=\dfrac{A}{x-1}+\dfrac{Bx+C}{x^2+1}$

$$\Rightarrow 2x^2+x+1=A(x^2+1)+(Bx+C)(x-1) \qquad (1)$$

(1)式代入 $x=1\Rightarrow 4=2A\Rightarrow A=2$

(1)式代入 $x=0\Rightarrow 2+(-C)\Rightarrow C=1$

(1)式代入 $x=2\Rightarrow 11=10+2B+C\Rightarrow B=0$

得 $\dfrac{2x^2+x+1}{(x-1)(x^2+1)}=\dfrac{2}{x-1}+\dfrac{1}{x^2+1}$

例題 11

化 $\dfrac{x^2+x+1}{(x-1)^3}$ 為部分分式和。

解 利用綜合除法先化 x^2+x+1 為 $x-1$ 的多項式

$$
\begin{array}{rrr|l}
1 & -1 & +1 & 1 \\
 & +1 & +2 & \\
\hline
1 & +2 & +3 & \\
 & +1 & & \\
\hline
1 & +3 & &
\end{array}
$$

所以 $x^2+x+1=(x-1)^2+3(x-1)+3$

得 $\dfrac{x^2+x+1}{(x-1)^3}=\dfrac{(x-1)^2+3(x-1)+3}{(x-1)^3}$

$$=\frac{(x-1)^2}{(x-1)^3}+\frac{3(x-1)}{(x-1)^3}+\frac{3}{(x-1)^3}$$

$$=\frac{1}{x-1}+\frac{3}{(x-1)^2}+\frac{3}{(x-1)^3}$$

習題 2-4

EXERCISE

一、化簡下列各題：

1. $2-\dfrac{2x^2-x-3}{x^2-1}$

2. $\dfrac{1}{x^2-x-2}-\dfrac{1}{2x^2-5x+2}$

3. $\dfrac{x^2-4}{x^3+1}\div\dfrac{x^2+2x-8}{x^2-1}$

4. $\dfrac{\dfrac{1}{x^2}-\dfrac{1}{9}}{x-3}$

二、將下列各分式化為部分分式和：

5. $\dfrac{7x+3}{(x-2)(x+5)}$

6. $\dfrac{2x+1}{3x^2-2x-1}$

7. $\dfrac{x^3-5x^2+6x+4}{(x-1)^4}$

8. $\dfrac{x^2+x+1}{(x-2)(x^2+1)}$

直角坐標與圖形

3-1　平面直角坐標系

3-2　斜率與直線方程式

3-3　一次不等式

本章主要利用坐標系來介紹有關平面中之基本性質與應用。

3-1 平面直角坐標系

現在所用之平面坐標系，乃十七世紀法國數學家笛卡兒所創，笛氏融合幾何與代數精華為一爐，使「代數可用幾何解釋，而幾何可用代數表達。」

在國中已介紹過直線坐標系，以直線坐標系為基礎，我們可以很容易的在平面上建立坐標系。首先我們在平面上作互相垂直之兩直線，令其交點 O 為原點，稱水平線為 X 軸（或橫軸），垂直線為 Y 軸（或縱軸），仿直線坐標系在 X 軸和 Y 軸上坐標化（如圖 3.1 所示），即得平面坐標系。

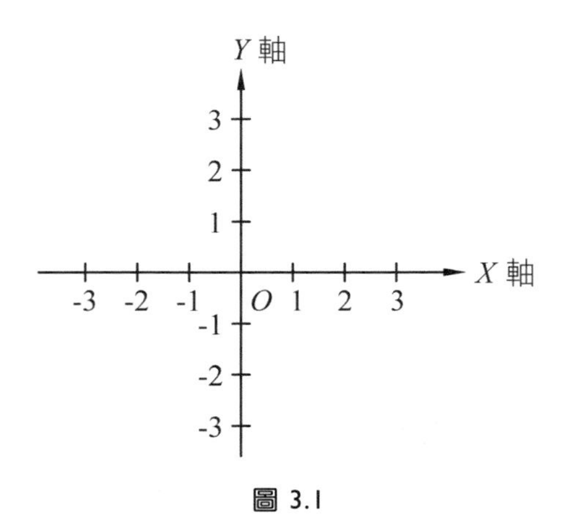

圖 3.1

設 P 為坐標平面上的任意一點，過 P 點分別作 X 軸與 Y 軸之垂線，A、B 為 X 軸與 Y 軸上之垂足，而其對應數分別為 x、y，則稱有序列對 (x,y)為 P 點之坐標，記為 $P(x,y)$。（如圖 3.2 所示）

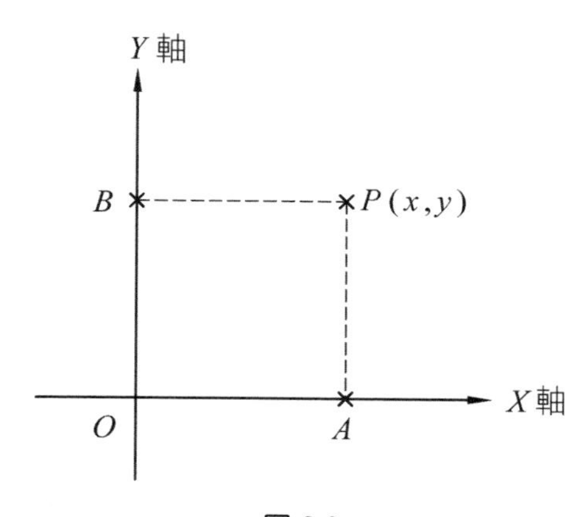

圖 3.2

反之，對任意有序對(x,y)，在 X、Y 軸上各取直線坐標為 x 與 y 之點，令為 A 與 B。過 A 與 B 作 X 軸、Y 軸之垂線交於 P 點。則由幾何知識知，P 點之平面坐標為(x,y)。如此所有平面上之點與有序數對成 $1-1$ 關係，這種對應關係稱為平面坐標系，其過程稱為平面坐標化。X 軸與 Y 軸將平面分成四個集合：

$$\mathrm{I}=\{(x,y)|x>0\,,\,y>0\}$$

$$\mathrm{II}=\{(x,y)|x<0\,,\,y>0\}$$

$$\mathrm{III}=\{(x,y)|x<0\,,\,y<0\}$$

$$\mathrm{IV}=\{(x,y)|x>0\,,\,y<0\}$$

集合I、II、III、IV分別稱為第一、第二、第三、第四象限。

定理 3-1 距離公式

設 $P(x_1,y_1)$，$Q(x_2,y_2)$ 為平面上任意二點，則這二點的距離為

$$\overline{PQ}=\sqrt{(x_1-x_2)^2+(y_1-y_2)^2}$$

證明 過 P 點作水平線，Q 點作垂直線，並令 R 為其交點。（如圖 3.3）

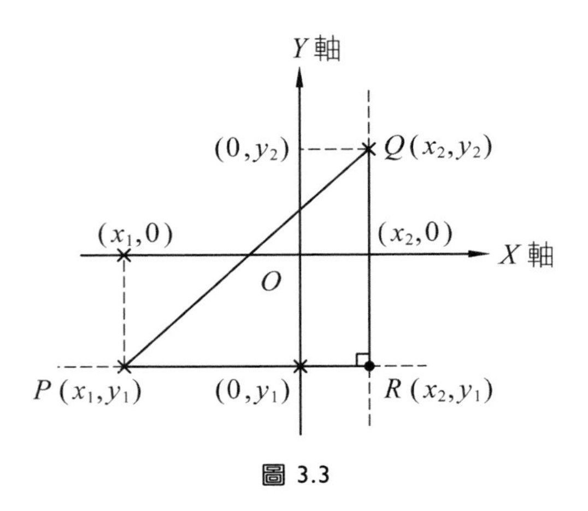

圖 3.3

$\because \Delta PQR$ 為直角 Δ，且 R 點之坐標為 (x_2, y_1)

$\therefore \overline{PR}=|x_2-x_1|$，而 $\overline{QR}=|y_2-y_1|$

由畢氏定理知：

$$\overline{PQ}^2=\overline{PR}^2+\overline{QR}^2=(x_2-x_1)^2+(y_2-y_1)^2$$

$$\overline{PQ}=\sqrt{(x_1-x_2)^2+(y_1-y_2)^2}$$

例題 1

求平面坐標系上 $P(2,-1)$，$Q(-1,3)$ 兩點之距離。

解

$$\overline{PQ}=\sqrt{(2-(-1))^2+((-1)-3)^2}$$

$$=\sqrt{9+16}=5$$

定理 3-2 中點公式

設 $P(x_1,y_1)$，$Q(x_2,y_2)$ 為平面上相異二點，則線段 $\overline{PQ}$ 之中點為

$$M=\left(\frac{x_1+x_2}{2},\frac{y_1+y_2}{2}\right)$$

證明 我們只需證 $\overline{PM}=\overline{MQ}=\frac{\overline{PQ}}{2}$ 即可。

$$\begin{aligned}\overline{PM}&=\sqrt{\left(x_1-\frac{x_1+x_2}{2}\right)^2+\left(y_1-\frac{y_1+y_2}{2}\right)^2}\\&=\sqrt{\left(\frac{x_1-x_2}{2}\right)^2+\left(\frac{y_1-y_2}{2}\right)^2}\\&=\frac{\sqrt{(x_1-x_2)^2+(y_1-y_2)^2}}{2}\\&=\frac{\overline{PQ}}{2}\end{aligned}$$

$$\begin{aligned}\overline{MQ}&=\sqrt{\left(x_2-\frac{x_1+x_2}{2}\right)^2+\left(y_2-\frac{y_1+y_2}{2}\right)^2}\\&=\sqrt{\left(\frac{x_2-x_1}{2}\right)^2+\left(\frac{y_2-y_1}{2}\right)^2}\\&=\frac{\sqrt{(x_1-x_2)^2+(y_1-y_2)^2}}{2}\\&=\frac{\overline{PQ}}{2}\end{aligned}$$

$\because \overline{PM}=\overline{MQ}=\frac{\overline{PQ}}{2}$，$\therefore M$ 為 $\overline{PQ}$ 之中點

例題 2

求 $P(-4,3)$，$Q(2,5)$ 兩點所作線段 $\overline{PQ}$ 之中點 M 之坐標。

 設 M 之坐標為 (x,y)

$$x=\frac{-4+2}{2}=-1，\ y=\frac{3+5}{2}=4$$

故 M 之坐標為 $(-1,4)$

例題 3

試以距離公式檢驗三點 $P(1,-2)$，$Q(-3,4)$，$R(-1,1)$ 是否在一直線上。

解

$$\overline{PQ}=\sqrt{(1+3)^2+(-2-4)^2}=2\sqrt{13}$$

$$\overline{PR}=\sqrt{(1+1)^2+(-2-1)^2}=\sqrt{13}$$

$$\overline{QR}=\sqrt{(-3+1)^2+(4-1)^2}=\sqrt{13}$$

$\because \overline{PR}+\overline{QR}=\overline{PQ}$，$\therefore P, Q, R$ 三點共線。

習題 3-1

EXERCISE

1. 試作一平面直角坐標系，且在其上標示下列諸點：

   (1) $(2,-1)$

   (2) $(-3,2)$

   (3) $(2,4)$

   (4) $(-3,-3)$

2. 試求坐標平面上，$P(-2,3)$，$Q(3,-9)$ 兩點間距離。

3. 若 $P(3,-5)$，$Q(-7,12)$ 試求 $\overline{PQ}$ 之中點。

4. 若 $M(5,-2)$ 為由 $P(a,3)$，$Q(2,b)$ 兩點所決定之線段 $\overline{PQ}$ 之中點。試求 a, b 之值。

5. 有一線段長 5，其一端點為 $(3,-2)$，另一端點在 Y 軸上，試求另一端點坐標。

6. 試以距離公式檢驗下式所給之點是否共線？

   (1) $A(2,1)$，$B(6,-1)$，$C(0,2)$。

   (2) $O(1,-1)$，$P(2,2)$，$Q(-1,-6)$。

7. 試以距離公式檢驗下列所給之點是否形成直角三角形？

   (1) $A(4,1)$，$B(6,-1)$，$C(7,3)$。

   (2) $O(2,1)$，$P(3,3)$，$Q(6,-1)$。

3-2 斜率與直線方程式

一、斜率

在平面上為了描述一條直線傾斜的情形，我們定義直線 L 和直角坐標系 X 軸所夾之最小正向角為“斜角 θ”，若它和 X 軸平行則規定斜角為 $0°$，且滿足 $0° \le \theta < 180°$。

若一直線 L 其斜角為 θ，取其正切函數值 $\tan\theta$ 稱為直線的“斜率”，習慣以 $m = \tan\theta$ 表示之。但此種型態不易計算，而兩點即可決定一直線，故利用正切函數的定義可將斜率定義改寫為：

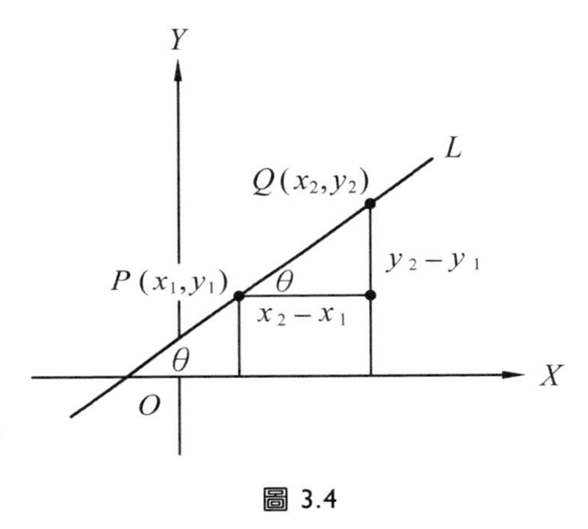

圖 3.4

設 $P(x_1,y_1)$，$Q(x_2,y_2)$ 為直線 L 上相異兩點，且 L 不垂直 X 軸，則其斜率

$$m = \tan\theta = \frac{y_2 - y_1}{x_2 - x_1}$$ 如圖 3.4 所示

但當直線與 X 軸垂直時，則 $x_2 - x_1 = 0$，此時我們稱其無斜率。

例題 1

設 $A(0,1)$，$B(2,3)$，$C(-2,2)$，$D(3,1)$，試求 $\overleftrightarrow{AB}$，$\overleftrightarrow{AC}$，$\overleftrightarrow{AD}$ 直線斜率。

解 直線 $\overleftrightarrow{AB}$ 之斜率

$$m_{\overleftrightarrow{AB}}=\frac{3-1}{2-0}=1$$

直線 $\overleftrightarrow{AC}$ 之斜率

$$m_{\overleftrightarrow{AC}}=\frac{2-1}{-2-0}=-\frac{1}{2}$$

直線 $\overleftrightarrow{AD}$ 之斜率

$$m_{\overleftrightarrow{AD}}=\frac{1-1}{3-0}=0$$

在圖 3.5 中，我們發現：

(1) 直線由左下到右上傾斜，其斜率為正。

(2) 直線由左上到右下傾斜，其斜率為負。

(3) 水平線其斜率為 0。

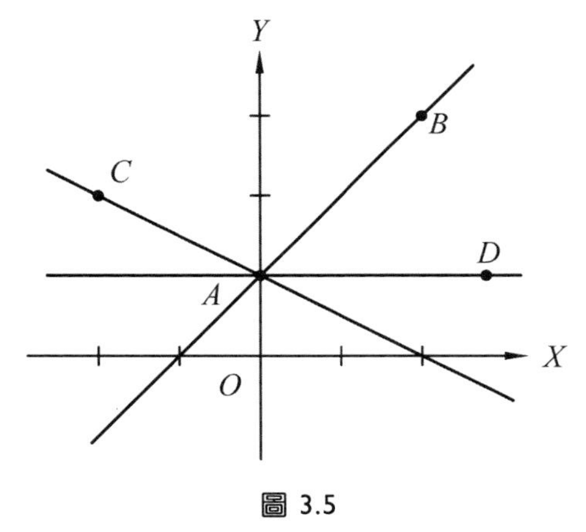

圖 3.5

定理 3-3

設直線 L_1 與 L_2 之斜率分別為 m_1 與 m_2，則

(1) 若 $L_1 \| L_2$ 或重合 $\Leftrightarrow m_1=m_2$。

(2) 若 $L_1 \perp L_2 \Leftrightarrow m_1 \cdot m_2=-1$。

證明 (1) 設 θ_1 與 θ_2 分別為 L_1 與 L_2 之斜角，則

若 $L_1 \| L_2$ 或重合 $\Leftrightarrow \theta_1 = \theta_2 \Leftrightarrow \tan\theta_1 = \tan\theta_2 \Leftrightarrow m_1 = m_2$

(2) 設 L_1 與 L_2 之交點為 $P(a,b)$，如圖 3.6，在 L_1 和 L_2 上分別取兩點 $Q_1(a+1, y_1)$，$Q_2(a+1, y_2)$，則

$$m_1 = \frac{y_1 - b}{a+1-a} = y_1 - b \text{，} m_2 = \frac{y_2 - b}{a+1-a} = y_2 - b$$

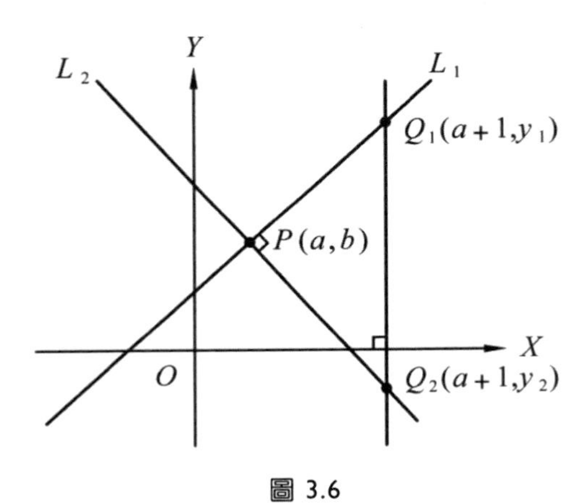

圖 3.6

$$\because L_1 \perp L_2 \Leftrightarrow \Delta PQ_1Q_2 \text{為直角}\Delta \Leftrightarrow \overline{PQ_1}^2 + \overline{PQ_2}^2 = \overline{Q_1Q_2}^2$$

$$\Leftrightarrow (a+1-a)^2 + (y_1 - b)^2 + (a+1-a)^2 + (y_2 - b)^2$$

$$= (a+1-a-1)^2 + (y_1 - y_2)^2$$

$$\Leftrightarrow 2 + (y_1 - b)^2 + (y_2 - b)^2 = (y_1 - y_2)^2$$

$$\Leftrightarrow 2 + m_1^2 + m_2^2 = (m_1 - m_2)^2 \Leftrightarrow m_1 \cdot m_2 = -1$$

例題 2

試證 $P_1(3,2)$，$P_2(6,0)$，$P_3(-3,6)$ 三點共線。

解

$\overleftrightarrow{P_1P_2}$ 之斜率 $m_1 = \dfrac{2-0}{3-6} = \dfrac{-2}{3}$

$\overleftrightarrow{P_1P_3}$ 之斜率 $m_2 = \dfrac{2-6}{3-(-3)} = \dfrac{-2}{3}$

因為 $m_1 = m_2$，故由定理 3－3 知 $\overleftrightarrow{P_1P_2} \parallel \overleftrightarrow{P_1P_3}$ 或重合，但 P_1 又為其共點，所以 $\overleftrightarrow{P_1P_2} = \overleftrightarrow{P_1P_3}$，亦即 P_1、P_2、P_3 三點共線。

例題 3

設 $A(0,4)$，$B(6,6)$，$C(7,3)$，為三角形之三頂點，試用斜率證明 ΔABC 為一直角三角形。

解

$$m_{\overline{AB}} = \frac{6-4}{6-0} = \frac{1}{3}$$

$$m_{\overline{BC}} = \frac{6-3}{6-7} = -3$$

$$m_{\overline{AB}} \cdot m_{\overline{BC}} = \frac{1}{3} \cdot (-3) = -1$$

由定理 3-3 知 $\overleftrightarrow{AB} \perp \overleftrightarrow{BC}$，故 ΔABC 為一直角三角形。

二、直線方程式

在平面上斜率為一定值的直線有無限多條，但通過一定點而斜率固定的直線僅有一條，本節中將討論直線的各種表達型態。

(一) 點斜式

設直線 L 過點 $A(x_0,y_0)$，且斜率為 m，若 $P(x,y)$ 為 L 上異於 A 之任意一點，則斜率為

$$m=\frac{y-y_0}{x-x_0}$$

即

$$(y-y_0)=m(x-x_0) \qquad (3\text{-}1)$$

我們稱(3-1)式為直線之點斜式。

例題 4

試求過點 $(-2,3)$ 且斜率為 $\frac{1}{2}$ 之直線方程式。

 由(3-1)知

$$y-3=\frac{1}{2}(x+2)$$

故得直線之方程式為 $x-2y+8=0$

例題 5

若 $P(4,-1)$，$Q(-2,3)$ 為平面上之兩點，試求 $\overline{PQ}$ 之垂直平分線方程式。

解 由中點公式可得 $\overline{PQ}$ 之中點 M 為 $(1,1)$，且 $\overleftrightarrow{PQ}$ 之斜率

$$m=\frac{3-(-1)}{-2-4}=\frac{-2}{3}$$

設 $\overline{PQ}$ 之垂直平分線為 L，則 L 之斜率 m_1 滿足

$$m_1\cdot\left(-\frac{2}{3}\right)=-1$$

故 $m_1=\dfrac{3}{2}$，由(3-1)知 L 之方程式為

$$y-1=\frac{3}{2}(x-1)$$

亦即 $3x-2y-1=0$

(二) 兩點式

設 $P_1(x_1,y_1)$， $P_2(x_2,y_2)$ 為平面上相異兩點，則此兩點決定唯一直線 L。

(1) 若 $x_1\neq x_2$，則此直線必不垂直於 X 軸，故其斜率為

$$m=\frac{y_2-y_1}{x_2-x_1}$$

再由(3-1)知 L 之方程式為

$$(y-y_1)=\frac{y_2-y_1}{x_2-x_1}(x-x_1)$$

整理得

$$(x_2 - x_1)(y - y_1) = (y_2 - y_1)(x - x_1) \tag{3-2}$$

(3-2)即為直線之兩點式。

(2) 若 $x_1 = x_2$，則直線 L 必垂直於 X 軸，且交 X 軸於點 $(x_1, 0)$，故 L 之方程式為 $x = x_1$。

例題 6

試求過 $A(5,-3)$，$B(-2,3)$ 兩點之直線方程式。

解 由(3-2)知直線 L 之方程式為

$$(-2-5)(y+3) = (3+3)(x-5)$$

故 L 為 $6x + 7y - 9 = 0$

(三) 斜截式

若直線 L 交 X 軸於 $(a,0)$，交 Y 軸於 $(0,b)$，則稱 a 為 X 截距，b 為 Y 截距。

(1) 設直線 L 之斜率為 m，X 截距為 a，亦即 L 過點 $(a,0)$，由點斜式知 $y - 0 = m(x - a)$

整理得

$$y = mx - ma \tag{3-3}$$

(2) 設直線 L 之斜率為 m，Y 截距為 b，則同理可得

$$y = mx + b \tag{3-4}$$

(3-3)及(3-4)即稱斜截式。

(四) 截距式

設直線 L 的 X 截距為 a，Y 截距為 b，若 $a \cdot b \neq 0$ 則由兩點式知此直線 L 之方程式為

$$(0-a)(y-0) = (b-0)(x-a)$$

整理得 $bx + ay = ab$

故直線 L 之方程式為 $\dfrac{x}{a} + \dfrac{y}{b} = 1$ (3-5)

我們稱(3-5)為直線 L 之截距式。

例題 7

設直線 L 之 X 截距為 3，且其斜率 $m = \dfrac{1}{2}$，試求 L 之方程式。

解 由(3-3)得

$$y = \frac{1}{2}x - \frac{1}{2} \cdot 3$$

故 L 之方程式為

$$x - 2y - 3 = 0$$

例題 8

設直線 L 之 Y 截距為 -2，且其斜率 $m=-2$，試求 L 之方程式。

解 由(3-4)得 $y=-2x-2$

故 L 之方程式為 $2x+y+2=0$

例題 9

設直線 L 之 X 截距為 2，Y 截距為 -3，試求 L 之方程式。

解 由截距式(3-5)知 $\dfrac{x}{2}+\dfrac{y}{-3}=1$

故 L 之方程式為 $3x-2y-6=0$

在前面的例題中，我們發現直線方程式均可表為二元一次方程式，現在反過來考慮，任一二元一次方程式，在平面上圖形是否為一直線？我們可以就任一二元一次方程式 $ax+by+c=0\ (a^2+b^2\neq 0)$ 之係數討論如下：

一、當 $b=0$，則 $ax+by+c=0\Rightarrow$ $x=-\dfrac{c}{a}$，其圖形為過 $(-\dfrac{c}{a},0)$ 之鉛垂線且斜率不存在，如圖 3.7 所示。

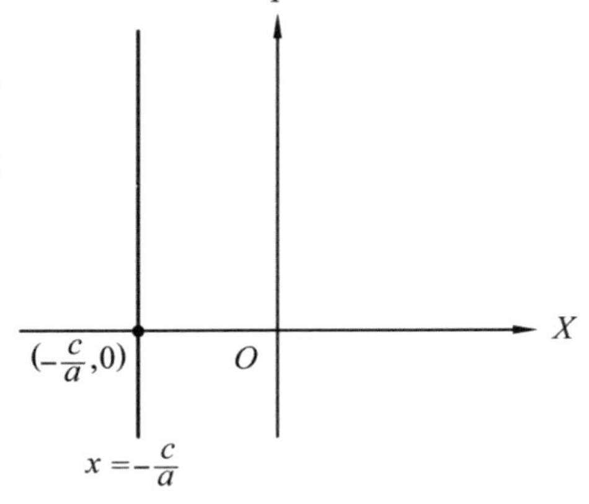

圖 3.7

二、當 $b \neq 0$，則 $ax+by+c=0 \Rightarrow$ $y=-\frac{a}{b}x-\frac{c}{b}$，由點斜式，可知其圖形為過 $(0,-\frac{c}{b})$，且斜率 $m=-\frac{a}{b}$ 之直線，如圖 3.8 所示。

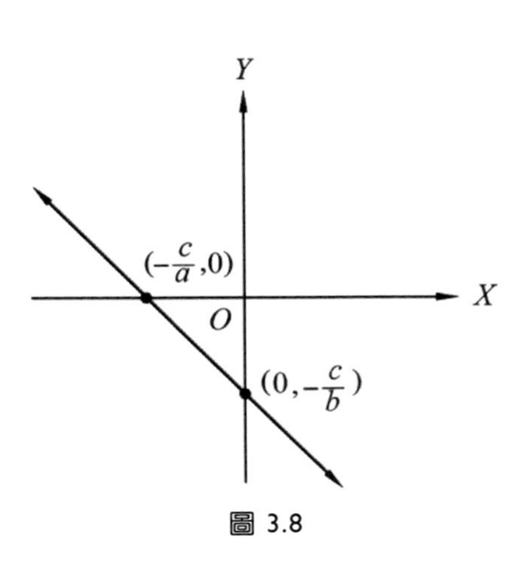

圖 3.8

由以上討論，我們得到如下的結論

$ax+by+c=0$ 在平面上圖形為一直線，且

(1) 該直線斜率為 $-\frac{a}{b}$，當 $b \neq 0$。

(2) 該直線為一鉛垂線，當 $b=0$。

例題 10

試繪出(1) $y=3$　(2) $x=-2$　(3) $2x+3y+6=0$ 之圖形。

解 (1)

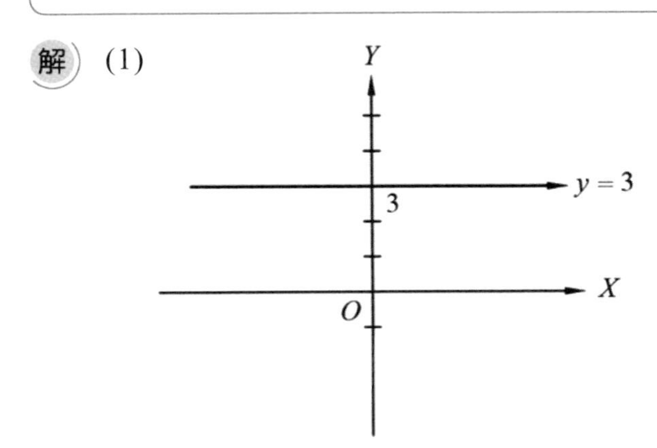

(2)

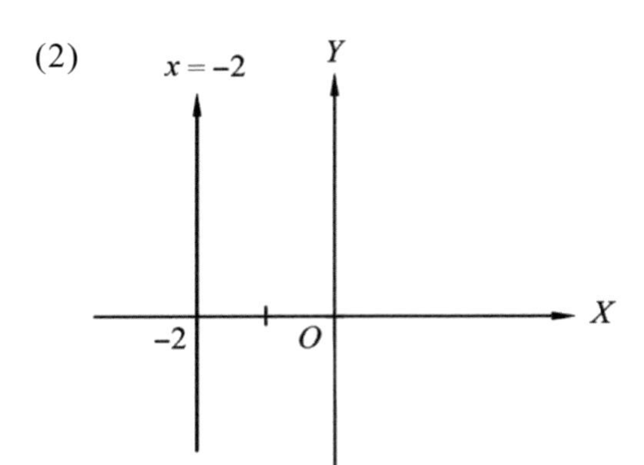

(3)

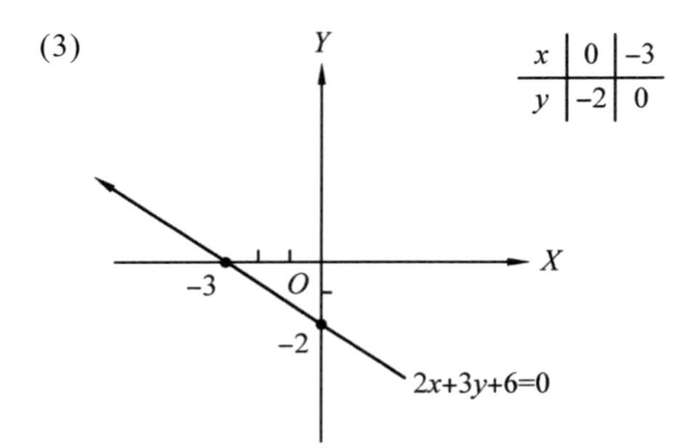

x	0	−3
y	−2	0

例題 11

試求下列各直線斜率：

(1) $3x+5y-2=0$

(2) $2x-3y+5=0$

(3) $2x+5=0$

(4) $5y-6=0$

解 (1) 斜率 $m=-\frac{3}{5}$

(2) 斜率 $m=\frac{2}{3}$

(3) 為鉛垂線無斜率

(4) 斜率 $m=-\frac{0}{5}=0$，為一水平線

例題 12

試證直線 $L_1:2x-5y-3=0$ 與直線 $L_2:4x=10y-2$ 平行。

直線 L_1 斜率 $m_1=\frac{2}{5}$

直線 L_2 斜率 $m_2=\frac{2}{5}$

$\therefore L_1//L_2$ 或 $L_1=L_2$（重合）

取 L_1 上一點 $(\frac{3}{2},0)$ 代入 $L_2 \Rightarrow 4\cdot\frac{3}{2}\neq -2$

故知 $(\frac{3}{2},0)$ 不在 L_2 上

即 $L_1\neq L_2$，所以 $L_1//L_2$。

例題 13

若直線 $L_1:3x-2y+1=0$，$L_2:2x=4-3y$，試證 $L_1\perp L_2$。

解 直線 L_1 斜率 $m_1 = \frac{3}{2}$

直線 L_2 斜率 $m_2 = \frac{-2}{3}$

$\because m_1 \cdot m_2 = \frac{3}{2} \cdot \frac{-2}{3} = -1$

$\therefore L_1 \perp L_2$

例題 14

求過點 $(2,-3)$ 與直線 $L: 3x+5y-2=0$ 垂直之直線方程式。

解 設所求直線為 L_2，其斜率為 m_2

$\because L$ 斜率 $m = -\frac{3}{5}$，且 $L \perp L_2$

$\therefore m \cdot m_2 = -1$ 得 $m_2 = \frac{5}{3}$

故 L_2 方程式為 $y+3 = \frac{5}{3}(x-2)$

即 $5x-3y-19=0$

習題 3-2

EXERCISE

1. 若直線 L 過 $A(5,4)$，$B(2,-1)$ 兩點，試求直線 L 之斜率 $m=$？

2. 若 $P(2,3)$，$Q(-1,6)$ 試求過 P，Q 兩點之直線斜率？

3. 試以斜率性質檢查下列題中諸點是否共線。

 (1) $A(-2,3)$，$B(4,0)$，$C(8,-2)$

 (2) $O(2,-1)$，$P(8,3)$，$Q(-1,-3)$

 (3) $R(1,-1)$，$S(\frac{8}{3},-2)$，$T(0,1)$

4. 試以斜率性質檢查下列題中三點是否形成直角三角形。

 (1) $A(3,-2)$，$B(4,0)$，$C(2,1)$

 (2) $O(5,-7)$，$P(2,-1)$，$Q(-4,2)$

 (3) $R(7,-3)$，$S(4,-2)$，$T(2,-8)$

5. 試求下列所給直線方程式之斜率 m。

 (1) $3x+5y-4=0$

 (2) $2x-7y=-3$

 (3) $2x=3y-2$

6. 試說明下列所給之直線方程式是否平行或垂直或重合。

 (1) $3x+4y=2$，$4x=3y+5$

 (2) $3x-5y=6$，$9x=15y+8$

 (3) $x-2y=3$，$4y+6=2x$

 (4) $3x-2y+1=0$，$6y-4x+2=0$

7. 試求過點 $(3,2)$ 且斜率 $m=\frac{1}{2}$ 之直線方程式。

8. 試求過點 $(2,-1)$ 且與直線 $3x+5y=4$ (1)垂直、(2)平行之直線方程式。

9. 設 $P(2,5)$，$Q(4,-3)$ 為平面上之兩點，試求 $\overline{PQ}$ 垂直平分線方程式。

10. 直線 L 過 $P(2,5)$，$Q(4,-3)$ 兩點，試求 L 之方程式。

11. 設直線 L 之 Y 截距為 3，且其斜率 $m=-2$，試求 L 之直線方程式。

12. 設直線 L 之 X 截距為 -2，Y 截距為 3，試求 L 之方程式。

3-3 一次不等式

數或未知數彼此以“$<$”，“$\le$”，“$>$”，“$\ge$”次序關係建立的式子，統稱為不等式。例如：$5\ge 3$，$x+y<z+2$，$x^2<y^2$…等均為不等式。滿足這些不等式未知數的值所成集合，稱為不等式的解集合。若一不等式其解集合為實數 R，則稱此不等式為絕對不等式，否則稱為條件不等式。

至於我們求不等式的解集合，所依據是實數之次序關係。這些關係亦為不等式的基本性質，現就這些基本性質重新列舉如下：

1. **三一律**

   對任意 $x,y\in R$，下面關係恰有一成立

   $$x>y\text{，}x=y\text{，}x<y$$

2. **遞移律**

   對任意 $x,y,z\in R$，若 $x<y$，$y<z$ 則 $x<z$

3. **加法律**

   對任意 $x,y,z\in R$，且 $x<y$ 則 $x+z<y+z$

4. **乘法律**

   若 $x,y,z\in R$，且 $x<y$，$z>0$ 則 $xz<yz$，反之若 $z<0$ 則 $xz>yz$

例題 1

若 $a>b$，$c>d$，試證 $a+c>b+d$。

 因 $a>b$ 由加法律得 $a+c>b+c$ (1)

$c>d$ 由加法律得 $b+c>b+d$ (2)

(1)、(2)由遞移律，可得 $a+c>b+d$

有關一次不等式，我們只討論一元一次不等式及二元一次不等式。

一、一元一次不等式

諸如 $ax>b$，$ax\geq b$，$ax<b$，$ax\leq b$ 皆為一元一次不等式。今就 $ax>b$ 不等式解作討論，至於其他三種討論雷同，不再贅言。

例題 2

求 $ax>b$ 的解集合。

 若 $a>0$ 則 $x>\frac{b}{a}$，解集合為 $\{x|x>\frac{b}{a}\}$。

若 $a<0$ 則 $x<\frac{b}{a}$，解集合為 $\{x|x<\frac{b}{a}\}$。

例題 3

求下列二不等式之解集合：

(1) $4x+2>-x-8$

(2) $2-\frac{5}{3}x\leq\frac{3}{2}x-7$

解 (1) $4x+2>-x-8 \Rightarrow 5x>-10 \Rightarrow x>-2$

解集合為 $\{x|x>-2\}=(-2,\infty)$

(2) 原不等式兩邊同乘 6

$\Rightarrow 12-10x \le 9x-42 \Rightarrow 54 \le 19x \Rightarrow \frac{54}{19} \le x$

解集合為 $\{x|x \ge \frac{54}{19}\}=\left[\frac{54}{19},\infty\right)$

二、二元一次不等式

在平面上二元一次方程式 $ax+by+c=0$ 表示一直線 L，該直線將平面分割成兩個半開平面 E_1，E_2。顯然 E_1 或 E_2 的點 $P(x,y)$ 必滿足：

$$ax+by+c>0 \tag{1}$$

或

$$ax+by+c<0 \tag{2}$$

經由證明，有關半開平面 E_1，E_2 我們得到如下結果：E_1 上所點必滿足(1)，否則必滿足(2)；相對的 E_2 上所有點必滿足(2)，否則必滿足(1)。

若考慮 $E_1 \cup L$，或 $E_2 \cup L$ 兩個半閉平面的點，很明顯它們必滿足如下的不等式

$$ax+by+c \ge 0 \tag{3}$$

或

$$ax+by+c \le 0 \tag{4}$$

此處(1)、(2)、(3)、(4)四式，統稱二元一次不等式。

至於二元一次不等式，我們習慣以作圖求解。

例題 4

圖示 $2x-3y\geq 6$ 不等式的解。

解 因為原點(0,0)不滿足 $2x-3y\geq 6$，所以其解為不包含原點的半閉平面。

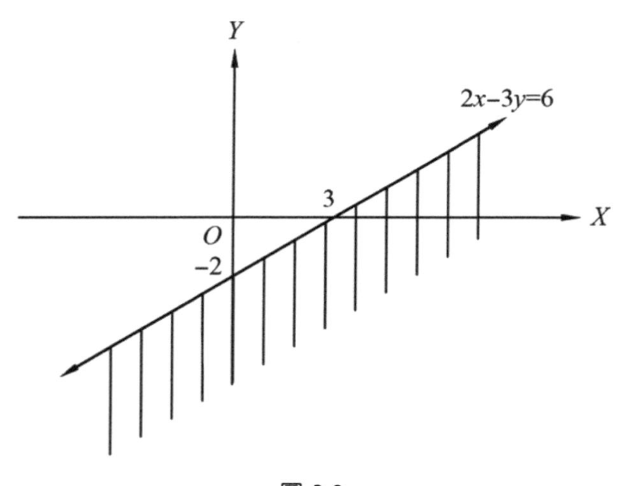

圖 3.9

例題 5

圖示二元一次聯立不等式的解。

$$\begin{cases} 2x+y<4 \\ x-3y\geq 6 \end{cases}$$

解 $2x+y<4$ 為包含原點的半閉平面。

$x-3y\geq 6$ 為不包含原點的半閉平面。

所以其聯立解為這二區域共同部分。(如圖 3.10 所示)

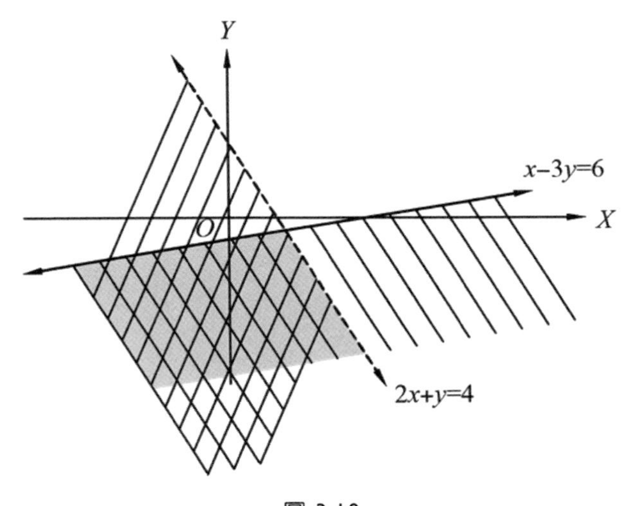

圖 3.10

習題 3-3

EXERCISE

1. 求下列各不等式的解集合

(1) $3x+2>7-4x$

(2) $\frac{3}{4}x-5\geq\frac{2}{3}x+1$

(3) $3x+y\geq 6$

2. 圖示下列聯立不等式的解

(1) $\begin{cases} x+y<1 \\ 2x-3y\geq 6 \end{cases}$

(2) $\begin{cases} x\geq 0 \\ y\geq 0 \\ x-y\geq -2 \\ x+y\leq 3 \end{cases}$

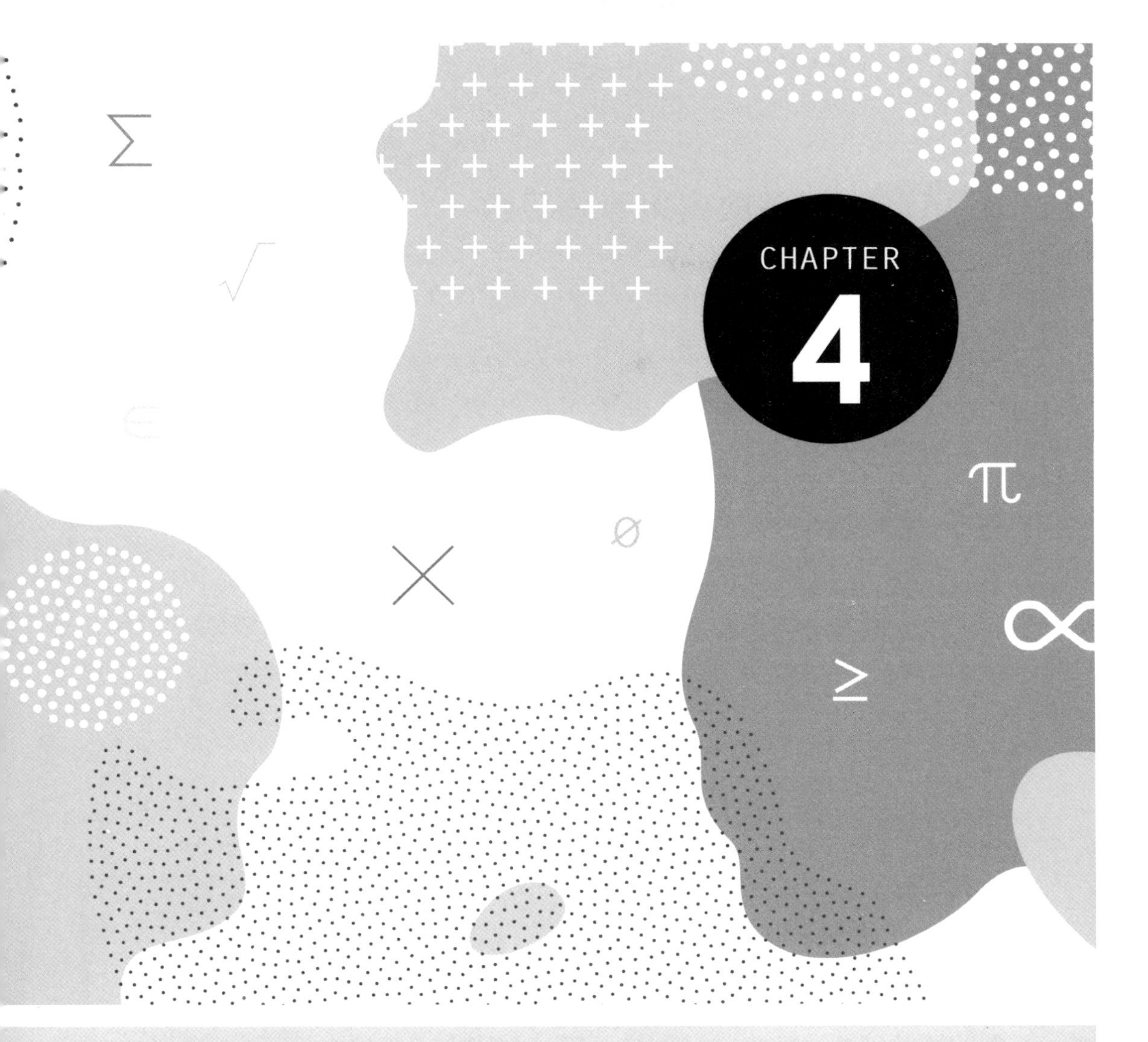

數列與級數

4-1　等差數列與等差級數

4-2　等比數數列與等比級數

4-1 等差數列與等差級數

自然數 $1,2,3,4,5,6,7,8,9,10,\cdots$ 就是數列的一個例子。將一些數依序排出來，以“,”分隔，這種數的表示法，就稱為<u>數列</u>。第一項稱為首項，記作 a_1，第 n 項稱為<u>一般項</u>，記作 a_n。如果一個數列只有<u>有限項</u>，稱此數列為<u>有限數列</u>，如果一個數列有<u>無限項</u>，稱此數列為<u>無窮數列</u>。

例如： $2,4,6,8,10,\cdots$ 為二的倍數所構成的無窮數列。

$1,3,5,7,\cdots,99$ 為 100 之內奇數所構成的有限數列。

一般而言，我們以 $a_1,a_2,a_3,\cdots,a_n,\cdots$ 表示一個數列。而數列之和稱為<u>級數</u>。因此，級數也因數列的分別而有二種不同：有限級數及無窮級數，有限級數以 $a_1+a_2+\cdots+a_n$ 表示；無窮級數以 $a_1+a_2+\cdots+a_n+\cdots$ 表示。

例題 1

我們以 $\langle a_n\rangle$ 表示數列 $a_1,a_2,a_3,\cdots,a_n,\cdots$ 試寫出數列 $\langle 3n+1\rangle$ 的前 4 項。

解 此數列的一般項 $a_n=3n+1$，將 n 分別以 $1,2,3,4$ 代入，

得到 $a_1=4,a_2=7,a_3=10,a_4=13$

例題 2

試寫出數列 $\left\langle \dfrac{n+1}{n}\right\rangle$。

解 此數列為 $\dfrac{2}{1},\dfrac{3}{2},\dfrac{4}{3},\cdots,\dfrac{n+1}{n},\cdots$

數列中後一項減去前一項所得的“差”都相同，此數列稱為等差數列。而此“共同”的差就稱為公差。而等差數列的表示即成為：$\underbrace{a_1, a_1}_{\text{相差}d} + \underbrace{d, a_1}_{\text{相差}d} + \underbrace{2d, a_1}_{\text{相差}d} + 3d, \cdots, a_1 + (n-1)d, \cdots$，我們立刻可以看出，此等差數列的第 n 項 $a_n = a_1 + (n-1)d$

例題 3

求等差數列 $14, 18, 22, \cdots$ 的第 20 項及一般項 a_n。

解 令此等差數列為 $\langle a_n \rangle$，則公差 $d = 18 - 14 = 4$，而首項 $a_1 = 14$，

故 $a_{20} = a_1 + 19d = 14 + 19 \times 4 = 90$

一般項：$a_n = a_1 + (n-1)d = 14 + (n-1)4 = 10 + 4n$

例題 4

等差數列 $\langle a_n \rangle$ 中 $a_3 = 5, a_8 = 35$ 求 a_{50}。

解 根據一般項 $a_n = a_1 + (n-1)d$ 的表示，可得知

$\begin{cases} a_3 = a_1 + 2d = 5 \\ a_8 = a_1 + 7d = 35 \end{cases}$ 解出 $d = 6, a_1 = -7$，

因此 $a_{50} = a_1 + 49d = -7 + 49 \times 6 = 287$

等差數列的和可以下個例子的程序來求出

例題 5

求$1+2+3+\cdots+98+99+100$。

$$\begin{array}{cccccccccccccc} & 1 & + & 2 & + & 3 & + & \cdots & + & 98 & + & 99 & + & 100 \\ + & 100 & + & 99 & + & 98 & + & \cdots & + & 3 & + & 2 & + & 1 \\ \hline & 101 & + & 101 & + & 101 & + & \cdots & + & 101 & + & 101 & + & 101 \end{array}$$

上下兩項先相加

共有 100 個 101 相加，但此和為原級數$1+2+3+\cdots+98+99+100$的二倍，故所求

$$\begin{aligned} & 1+2+3+\cdots+98+99+100 \\ & =\frac{1}{2}100(1+100) \\ & =50(101) \\ & =5050 \end{aligned}$$

因此等差數列首項為a_1，公差為d，令前n項的和$a_1+a_2+\cdots+a_n$為S_n，則

$$S_n=a_1+[a_1+d]+[a_1+2d]+\cdots+[a_1+(n-2)d]+[a_1+(n-1)d] \qquad (1)$$

交換順序得

$$S_n=[a_1+(n-1)d]+[a_1+(n-2)d]+\cdots+[a_1+2d]+[a_1+d]+a_1 \qquad (2)$$

將上兩式各項對應相加得

$$2S_n=[2a_1+(n-1)d]+[2a_1+(n-1)d]+\cdots+[2a_1+(n-1)d]+ \\ [2a_1+(n-1)d]$$

即 $2S_n = n\left[2a_1 + (n-1)d\right]$

是故 $S_n = \frac{1}{2}n\left[2a_1 + (n-1)d\right]$，又 $a_n = a_1 + (n+1)d$

$= \frac{1}{2}n\left[a_1 + a_n\right]$

公式 1： 等差數列求和公式

等差數列 $\langle a_n \rangle$ 當中，首項 a_1，公差 d，則前 n 項和

$$S_n = \frac{1}{2}n\left[2a_1 + (n-1)d\right]$$
$$= \frac{1}{2}n\left[a_1 + a_n\right]$$

例題 6

求 50 到 100 當中，3 的倍數之和。

解 所求 $= 51 + 54 + \cdots + 99$

令 $a_1 = 51, d = 3, a_n = 99$

則 $a_n = a_1 + (n+1)d$

即 $99 = 51 + (n-1)3$

解得 $n = 17$

故所求為 $S_n = \frac{1}{2}n\left[a_1 + a_{17}\right]$

$= \frac{1}{2}17\left[51 + 99\right]$

$= 1275$

例題 7

等差數列$\langle a_n \rangle$，已知首項$a_1=10$，公差$d=5$，首n項和$S_n=450$，求$\langle a_n \rangle$的項數n及最後一項。

解 由公式$S_n=\frac{1}{2}n\left[2a_1+(n-1)d\right]$代入已知得

$$450=\frac{1}{2}n\left[20+(n-1)5\right]$$

$$\Rightarrow n^2+3n-180=0$$

$$\Rightarrow (n+15)(n-12)=0$$

$\Rightarrow n=-15$（不合）或$n=12$

故數列共有 12 項，而最後一項

$$a_{12}=a_1+11d=10+11\times 5=65$$

習題 4-1

EXERCISE

1. 等差數列中，$a_3 = 7$，$a_5 = 11$，求 a_{15}。

2. 等差數列首項 $a_1 = 10$，公差 $d = -5$。
   若 $a_n = -195$，求項數 $n = ?$

3. 等差級數 $1+5+9+\cdots+$ 到第 n 項的和為 325，求項數 n。

4. 等差數列首項 10，公差 -2，求前 100 項的和。

4-2 等比數數列與等比級數

數列$1,2,4,8,\cdots$，中每一後項是前項的 2 倍；數列$1,\frac{1}{2},\frac{1}{4},\frac{1}{8},\cdots$，中每一後項都是前項的$\frac{1}{2}$倍。此類後項與前項之比值相等的數列稱為等比數列。

等比數列$\langle a_n\rangle = a_1,a_2,a_3,\cdots,a_n,\cdots$中

若$\frac{a_2}{a_1}=\frac{a_3}{a_2}=\cdots=\frac{a_{n-1}}{a_{n-2}}=\frac{a_n}{a_{n-1}}=\frac{a_{n+1}}{a_n}=r$

則稱數列$\langle a_n\rangle$為公比為r的等比數列，此時我們可知：

$$
\begin{aligned}
a_2 &= a_1 r \\
a_3 &= a_2 r = a_1 r\cdot r = a_1 r^2 \\
a_4 &= a_3 r = a_1 r^2\cdot r = a_1 r^3 \\
&\vdots \\
a_n &= a_{n-1} r = a_1 r^{n-2}\cdot r = a_1 r^{n-1}
\end{aligned}
$$

等比數列$\langle a_n\rangle$，首項a_1，公比為r

1. $\langle a_n\rangle = a_1,a_1r,a_1r^2,\cdots,a_1r^{n-1},\cdots$
2. 一般項(第n項) $a_n = a_1\cdot r^{n-1}$

例題 1

寫出首項$a_1=3$，公比$r=4$的等比數列$\langle a_n\rangle$。

解 $a_2 = a_1 r = 3 \times 4 = 12$

$a_3 = a_2 r = 12 \times 4 = 48$

因此 $\langle a_n \rangle = 3, 12, 48, 192, \cdots$

例題 2

求等比數列 $-1, 2, -4, 8, \cdots$ 的

(1) 公比 r

(2) 第 10 項 a_{10}

(1) 公比 $r = \dfrac{a_2}{a_1} = \dfrac{2}{-1} = -2$

(2) $a_{10} = a_1 r^9 = (-1)(-2)^9 = (-1)(-512) = 512$

例題 3

等比數列 $\langle a_n \rangle$ 中 $a_3 = \dfrac{1}{49}, a_8 = 343$。求此數列的公比 r，首項 a_1 及第 5 項 a_5。

$\begin{cases} a_8 = a_1 r^7 \\ a_3 = a_1 r^2 \end{cases}$，即 $\begin{cases} 343 = a_1 r^7 & \cdots\cdots (1) \\ \dfrac{1}{49} = a_1 r^2 & \cdots\cdots (2) \end{cases}$

(1)式除以(2)式得：$343 \times 49 = r^5$

$7^5 = r^5$

故 $r=7$

又 $a_3=a_1r^2$

即 $\frac{1}{49}=a_1\times 49$

因此 $a_1=\frac{1}{49\times 49}=\frac{1}{2401}$

所以第五項 $a_5=a_1r^4=\frac{1}{2401}\times 7^4=1$

等比數列的和稱為等比級數，以下我們討論首項 a_1，公比 r 的等比數列的首 n 項和 S_n。

$$S_n=a_1+a_2+\cdots+a_{n-1}+a_n$$

$$\begin{array}{rcccccccccccc} & S_n & = & a_1 & + & a_1r & + & \cdots & + & a_1r^{n-2} & + & a_1r^{n-1} & \text{同乘} r \\ - & rS_n & = & & & a_1r & + & \cdots & + & a_1r^{n-2} & + & a_1r^{n-1} & + \ a_1r^n \\ \hline & (1-r)S_n & = & a_1 & - & a_1r^n & = & a_1(1-r^n) & & & & & \end{array}$$

因此當 $r\neq 1$ 時，等比數列首 n 項和 S_n

$$S_n=\frac{a_1(1-r^n)}{1-r}=\frac{a_1(r^n-1)}{r-1}$$

若公比 $r=1$　$\langle a_n\rangle=a_1,a_1,\cdots,a_1,\cdots$

故 $S_n=na_1$

公式 2：等比數列求和公式

若等比數列$\langle a_n \rangle$的首項a_1，公比r，而$\langle a_n \rangle$前n項之和以S_n表示，則

1. $r \neq 1$時 $S_n = \dfrac{a_1(r^n - 1)}{r - 1} = \dfrac{a_1(1 - r^n)}{1 - r}$
2. $r = 1$時 $S_n = na_1$

例題 4

等比數列$\langle a_n \rangle$中$a_1 = 5$，公比$r = 4$，求$S_6 = a_1 + a_2 + a_3 + a_4 + a_5 + a_6$。

解 所求 $S_n = \dfrac{a_1(r^6 - 1)}{r - 1} = \dfrac{5(4^6 - 1)}{4 - 1} = 6825$

例題 5

等比數列$\langle a_n \rangle$中$a_1 = 14$，公比$r = \dfrac{1}{3}$，求S_5。

解 所求 $S_5 = \dfrac{a_1(1 - r^5)}{1 - r} = \dfrac{14\left(1 - \left(\dfrac{1}{3}\right)^5\right)}{1 - \dfrac{1}{3}} = \dfrac{1694}{81}$

例題 6

等比數列$\langle a_n \rangle$中$a_4 = \dfrac{1}{8}$ $a_8 = \dfrac{1}{128}$，求S_{10}。

解 因為 $\begin{cases} a_8 = a_1 r^7 \\ a_4 = a_1 r^3 \end{cases}$ 即 $\begin{cases} \dfrac{1}{128} = a_1 r^7 & \cdots\cdots (1) \\ \dfrac{1}{8} = a_1 r^3 & \cdots\cdots (2) \end{cases}$

所以 $\dfrac{(1)}{(2)}$ 得 $\dfrac{1}{16} = r^4$

因此 $r = +\dfrac{1}{2}$ 或 $-\dfrac{1}{2}$

$case1$: 當 $r = \dfrac{1}{2}$ 時， $a_1 = 1$ (why?)，此時

$$S_{10} = \frac{a_1\left(1 - r^{10}\right)}{1 - r} = \frac{\left[1 - \left(\dfrac{1}{2}\right)^{10}\right]}{1 - \dfrac{1}{2}} = 2 - \left(\frac{1}{2}\right)^9 = \frac{1023}{512}$$

$case2$: 當 $r = -\dfrac{1}{2}$ 時， $a_1 = -1$ ，此時

$$S_{10} = \frac{a_1\left(1 - r^{10}\right)}{1 - r} = \frac{(-1)\left[1 - \left(-\dfrac{1}{2}\right)^{10}\right]}{1 - \left(-\dfrac{1}{2}\right)} = -\frac{341}{512}$$

所以 $S_{10} = \dfrac{1023}{512}$ 或 $-\dfrac{341}{512}$

在計算數列的和或級數時，有一個常用且方便的符號"Σ"，讀做 sigma，代表了連續加法的數學符號。

$\sum_{k=1}^{n} a_k$ 代表了 $\underbrace{a_1}_{k=1} + \underbrace{a_2}_{k=2} + \cdots + \underbrace{a_n}_{k=n}$

即 $\sum_{k=1}^{n} a_k = a_1 + a_2 + \cdots + a_n$，我們以下列三例說明 Σ 之運算

$$\sum_{k=1}^{15} a_k = a_1 + \cdots + a_{15}$$

$$\sum_{k=1}^{4} 3b_k = 3b_1 + 3b_2 + 3b_3 + 3b_4 = 3(b_1 + b_2 + b_3 + b_4) = 3\sum_{k=1}^{4} b_k$$

$$\begin{aligned}\sum_{k=1}^{3}(x_k + y_k) &= (x_1 + y_1) + (x_2 + y_2) + (x_3 + y_3) \\ &= (x_1 + x_2 + x_3) + (y_1 + y_2 + y_3) \\ &= \sum_{k=1}^{3} x_k + \sum_{k=1}^{3} y_k\end{aligned}$$

因此我們可以得到以下 Σ 符號運算的性質

定理 4-1

1. $\sum_{k=1}^{n}(a_k + b_k) = \sum_{k=1}^{n} a_k + \sum_{k=1}^{n} b_k$

2. $\sum_{k=1}^{n}(ba_k) = b\sum_{k=1}^{n} a_k$，其中 b 為與 k 無關之常數

例題 7

求 $\sum_{k=1}^{5}(3k+4)$。

解

$$\begin{aligned}\sum_{k=1}^{5}(3k+4) &= (3\cdot1+4) + (3\cdot2+4) + (3\cdot3+4) + (3\cdot4+4) + (3\cdot5+4) \\ &= 7 + 10 + 13 + 16 + 19 \\ &= 65\end{aligned}$$

此題為一等差級數。

例題 8

求 $\sum_{k=3}^{7}(-3)^k$ 。

解

$$\sum_{k=3}^{7}(-3)^k=(-3)^3+(-3)^4+(-3)^5+(-3)^6+(-3)^7$$
$$=(-3)^3\left[1+(-3)+(-3)^2+(-3)^3+(-3)^4\right]$$
$$=(-27)[1-3+9-27+81]$$
$$=-1647$$

此題為一等比級數。

例題 9

求 $\sum_{k=1}^{10}\frac{1}{k(k+1)}$ 。

解

$$\sum_{k=1}^{10}\frac{1}{k(k+1)}=\sum_{k=1}^{10}\left[\frac{1}{k}-\frac{1}{k+1}\right]$$
$$=\left(1-\frac{1}{2}\right)+\left(\frac{1}{2}-\frac{1}{3}\right)+\cdots+\left(\frac{1}{10}-\frac{1}{11}\right)$$
$$=1-\frac{1}{11}$$
$$=\frac{10}{11}$$

習題 4-2

EXERCISE

1. 等比數列首項 4，公比 3，求 a_8。

2. 等比數列 $a_4=5$， $a_8=3125$，求公比 r。

3. 等比級數 $r=2$， $S_{12}=4095$，求首項。

4. 等比級數首項 $=-\dfrac{1}{4}$，公比 $=-2$，求 $S_6=$？

5. $\displaystyle\sum_{k=1}^{9}9$

6. $\displaystyle\sum_{k=1}^{10}(k+1)(k-1)$

7. $\displaystyle\sum_{k=1}^{10}\frac{1}{(k+1)(k+3)}$

MEMO

三角函數

5-1 角度變換：度度量到弳度量

在平面上有一射線$\overline{OX}$，繞 O 點由$\overline{OX}$位置旋轉至$\overline{OP}$位置而成一角$\angle XOP$，如圖 5.1 所示。$\overline{OX}$和$\overline{OP}$分別稱為此角的始邊和終邊。通常規定，若$\overline{OP}$按逆時針方向旋轉，所成的角稱為正角；若按順時針方向旋轉的角稱為負角。此種所成的正角或負角稱為有向角，具有相同的始邊和終邊的兩個有向角稱為同界角。

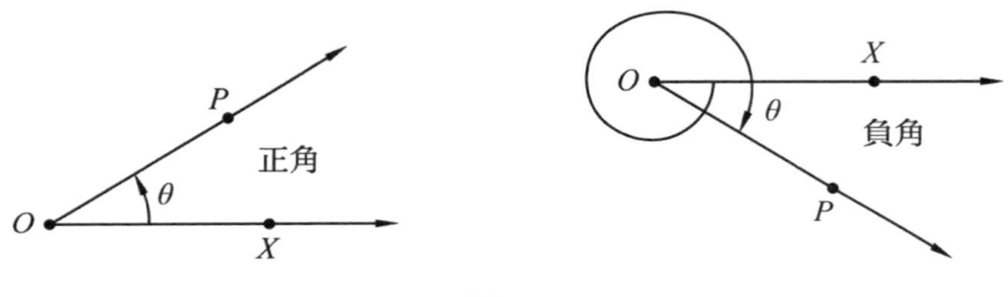

圖 5.1

在直角坐標平面上，以原點為 O 為角頂，$\overline{OX}$為始邊的角，若終邊$\overline{OP}$在某一象限內，則稱此角為象限角。此時稱此有向角位於標準位置或稱標準位置角。

角的大小就是$\overline{OP}$旋轉量的大小，即為有向角的大小，而度量角的大小，一種以度作為單位，稱為度度量，另一種以角所對之單位圓（半徑為 1 之圓）的弧長為單位，稱為弳度量；弧長為 x 所對圓心角的大小規定為 x 弳，如圖 5.2 所示。正角取度量值為正，負角取度量值為負，如 $\theta=30°$，$\theta=-120°$，$\theta=\frac{\pi}{3}$，$\theta=-3$，…等等。

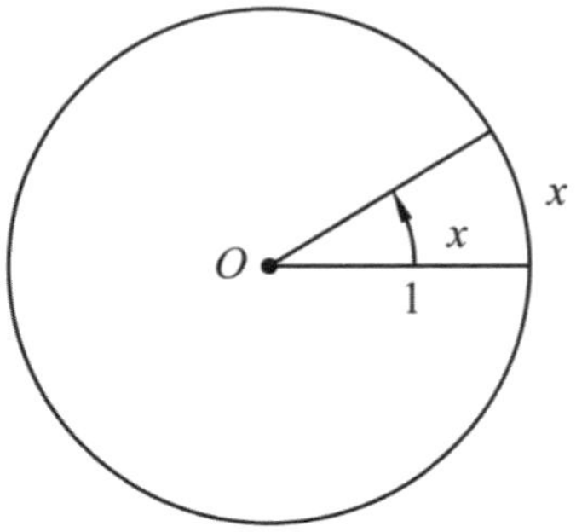

圖 5.2

因為單位圓之周長為 2π ，故所對圓心角為 2π 弳，而一圓心角為 $360°$，故得

$$2\pi \text{ 弳} = 360°$$

由上式可知

$$1 \text{ 弳} = \frac{180°}{\pi} \text{（約為 } 57° \text{）}$$

$$1° = \frac{\pi}{180} \text{弳}$$

在弳度量中，通常將弳字略去，如 $\pi = 180°$，$\frac{\pi}{4} = 45°$，$\frac{\pi}{6} = 30° \cdots$等等。

若 x 為角 θ 之弳度量，$\alpha°$ 為其度度量，則

$$\alpha° = x \cdot \frac{180°}{\pi}$$

定理 5-1

設圓之半徑為 r，若圓心角為 θ 弳 $(0 \le \theta \le 2\pi)$ 所對之弧長為 S，則 $S = r\theta$，圓心角對應的扇形面積為 A，則 $A = \frac{1}{2}r^2\theta$

證明 如圖 5.3 所示，由幾何知識可知。

$$\frac{\text{弧長}\overset{\frown}{PQ}}{1} = \frac{\text{弧長}\overset{\frown}{P'Q'}}{\overline{OP'}}$$

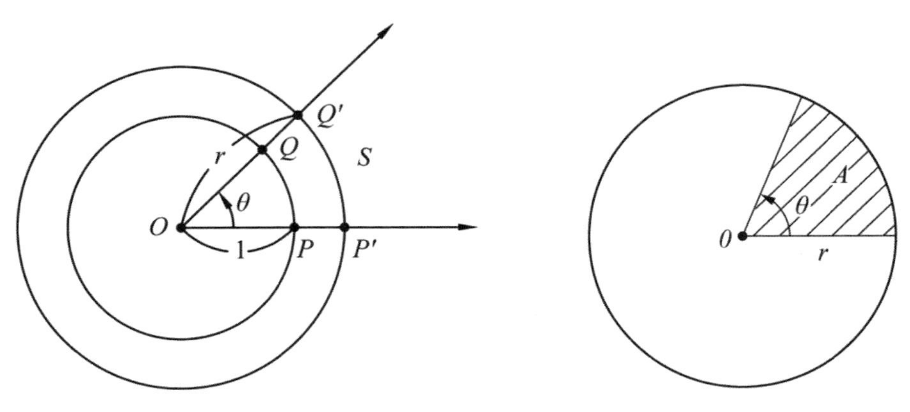

圖 5.3

因 $\overline{OP'}=r$，弧長 $\widehat{PQ}=\theta$，弧長 $\widehat{P'Q'}=S$，則

$$\frac{\theta}{1}=\frac{S}{r}$$

故 $S=r\theta$

如圖 5.3 所示，由幾何知識可知，一圓之圓心角為 2π，面積為 πr^2，而圓心角為 θ 所對扇形面積為 A，

則 $\dfrac{A}{\pi r^2}=\dfrac{\theta}{2\pi}$

故 $A=\dfrac{1}{2}r^2\theta$

例題 1

設一圓之半徑為 6 公分，求圓心角為 $120°$ 所對的弧長。

解 $\because \theta = 120° \cdot \dfrac{\pi}{180°} = \dfrac{2\pi}{3}$

故所求弧長

$$S = r\theta = 6 \cdot \frac{2\pi}{3} = 4\pi \text{（公分）}$$

例題 2

設一圓弧的長為 6π 公分，此弧所對之圓心角為 $135°$，求此圓之半徑及此圓心角所對之扇形面積。

 $\because \theta = 135° \cdot \dfrac{\pi}{180°} = \dfrac{3\pi}{4}$

故所求半徑

$$r = \frac{s}{\theta} = \frac{6\pi}{\frac{3\pi}{4}} = 8 \text{（公分）}$$

扇形面積

$$A = \frac{1}{2} r^2 \theta = \frac{1}{2}(8)^2 \cdot \frac{3\pi}{4} = 24\pi \text{（平方公分）}$$

習題 5-1

EXERCISE

1. 求下列各角的弳度量

   (1) $210°$

   (2) $175°$

   (3) $-36°$

   (4) $-315°$

2. 求下列各角的度度量

   (1) $\frac{5\pi}{6}$

   (2) $-\frac{5\pi}{3}$

   (3) $-\frac{3\pi}{2}$

   (4) $\frac{2}{3}$

3. 求 $30°$，$-120°$，$\frac{7\pi}{3}$，$\frac{3\pi}{4}$，各角的同界角各兩角，其中一個為正角，一個為負角。

4. 求下列各角所在之象限。

   (1) $-\frac{32\pi}{3}$

   (2) $\frac{4\pi}{5}$

   (3) $\frac{8}{3}$

(4) $-300°$

(5) $408°$

5. 設圓之半徑為 2，求下列各圓心角所對之弧長及扇形面積。

(1) $30°$

(2) $45°$

(3) $270°$

(4) $210°$

6. 設半徑為 1 之三個圓互相外切，求這三個圓間所圍成部分的面積。

7. 設正三角形的邊長為 a，以各邊為半徑各作一圓，求此三個圓共同部分的面積。

5-2 銳角三角函數(sin, cos, tan)

三角函數在數學上為很重要的工具，本章將介紹三角函數的定義與基本性質，從國中畢氏定理(Pythagorean Theorem)的開始。畢氏定理形態如：平方+平方等於另一平方。

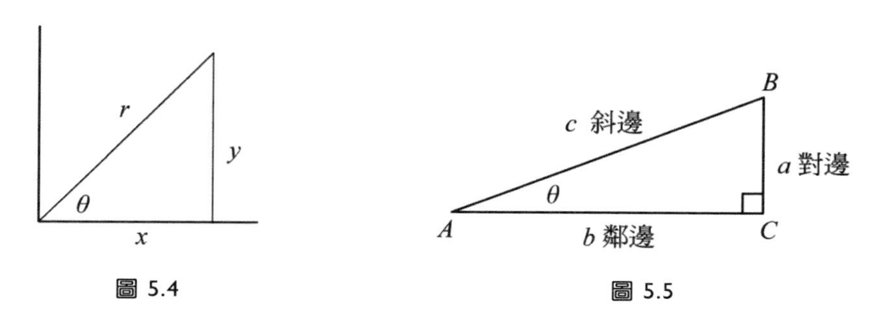

圖 5.4　　　　圖 5.5

圖 5.4 中 $r^2 = x^2 + y^2$（畢氏定理）

圖 5.5 中 $a^2 + b^2 = c^2$

圖 5.5 銳角三角形 ABC 中，由三個邊長的比值，構成三個（六個）數值，以此數值定義函數，稱為銳角三角函數。其中 a 稱對邊，b 稱為鄰邊，c 稱為斜邊。

$$\begin{cases} \text{正弦函數} \sin\theta = \dfrac{\text{對邊}}{\text{斜邊}} = \dfrac{a}{c} \\ \text{餘弦函數} \cos\theta = \dfrac{\text{鄰邊}}{\text{斜邊}} = \dfrac{b}{c} \\ \text{正切函數} \tan\theta = \dfrac{\text{對邊}}{\text{鄰邊}} = \dfrac{a}{b} \end{cases}$$

例題 1

求以下三個特別角三角形的 3 個三角函數值。

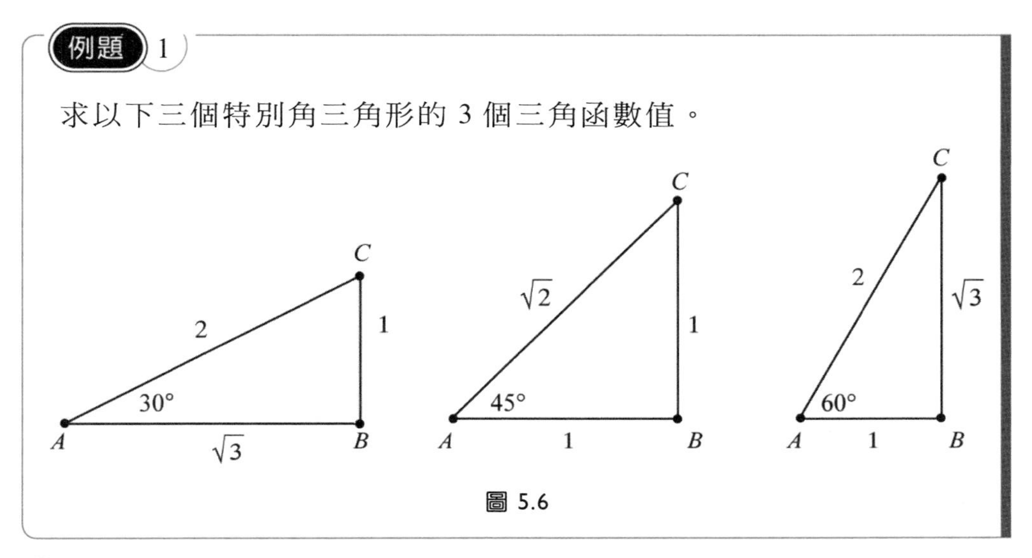

圖 5.6

解

表 5-1 以表格顯示答案

θ	$\sin\theta$	$\cos\theta$	$\tan\theta$
30°	$\frac{1}{2}$	$\frac{\sqrt{3}}{2}$	$\frac{1}{\sqrt{3}}$
45°	$\frac{1}{\sqrt{2}}=\frac{\sqrt{2}}{2}$	$\frac{1}{\sqrt{2}}=\frac{\sqrt{2}}{2}$	1
60°	$\frac{\sqrt{3}}{2}$	$\frac{1}{2}$	$\sqrt{3}$

例題 2

以下三角形，分別求 $\sin A$， $\cos A$， $\tan A$。

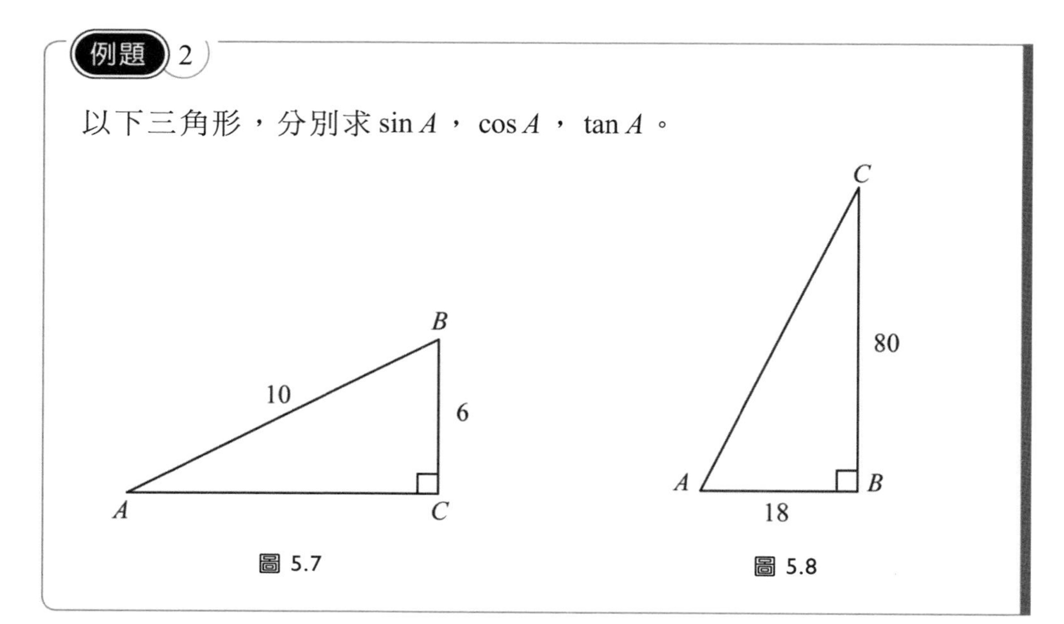

圖 5.7

圖 5.8

解 圖 5.7 中

ΔABC 中，$\overline{AC}=\sqrt{\left(\overline{AB}\right)^2-\left(\overline{BC}\right)^2}=\sqrt{10^2-6^2}=8$

$\sin A=\dfrac{\overline{BC}}{\overline{AB}}=\dfrac{6}{10}$， $\cos A=\dfrac{\overline{AC}}{\overline{AB}}=\dfrac{8}{10}$， $\tan A=\dfrac{\overline{BC}}{\overline{AC}}=\dfrac{6}{8}$

圖 5.8 中

ΔABC 中，$\overline{AC}=\sqrt{\left(\overline{AB}\right)^2+\left(\overline{BC}\right)^2}=\sqrt{18^2+80^2}=82$

$\sin A=\dfrac{\overline{BC}}{\overline{AC}}=\dfrac{80}{82}$， $\cos A=\dfrac{\overline{AB}}{\overline{AC}}=\dfrac{18}{82}$， $\tan A=\dfrac{\overline{BC}}{\overline{AB}}=\dfrac{80}{18}$

定理 5-2

$$\sin^2\theta+\cos^2\theta=1$$

證明 由圖 5.4

$$\sin\theta=\frac{y}{r},\cos\theta=\frac{x}{r} \quad \text{且 } r^2=x^2+y^2$$

$$\text{因此 } \sin^2\theta+\cos^2\theta=\left(\frac{y}{r}\right)^2+\left(\frac{x}{r}\right)^2=\frac{y^2}{r^2}+\frac{x^2}{r^2}=\frac{y^2+x^2}{r^2}=1$$

推論 5-1

由 $\sin^2\theta+\cos^2\theta=1$

$$\text{得到}\begin{cases}\sin\theta=\sqrt{\sin^2\theta}=\sqrt{1-\cos^2\theta}\\ \cos\theta=\sqrt{\cos^2\theta}=\sqrt{1-\sin^2\theta}\end{cases}$$

例題 3

已知 $\sin 30°=\dfrac{1}{2}$，求 $\sin 15°, \cos 15°$ 之值。

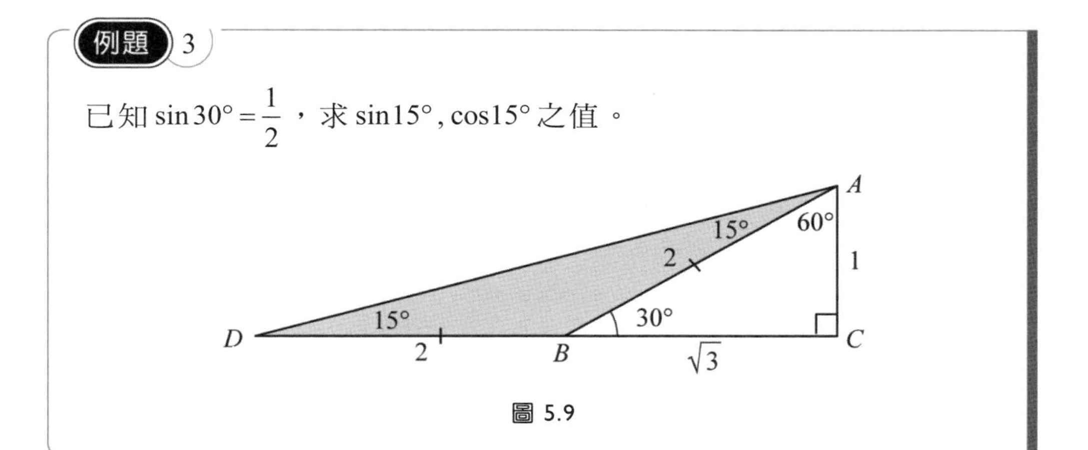

圖 5.9

解 ΔADC 中，$\overline{AD}=\sqrt{\left(\overline{CD}\right)^2+\left(\overline{AC}\right)^2}=\sqrt{\left(2+\sqrt{3}\right)^2+(1)^2}=\sqrt{6}+\sqrt{2}$

$$\sin 15°=\frac{\overline{AC}}{\overline{AD}}=\frac{1}{\sqrt{6}+\sqrt{2}}=\frac{1\left(\sqrt{6}-\sqrt{2}\right)}{\left(\sqrt{6}+\sqrt{2}\right)\left(\sqrt{6}-\sqrt{2}\right)}=\frac{\sqrt{6}-\sqrt{2}}{4}$$

$$\cos 15^\circ = \frac{\overline{CD}}{\overline{AD}} = \frac{2+\sqrt{3}}{\sqrt{6}+\sqrt{2}} = \frac{\left(2+\sqrt{3}\right)\left(\sqrt{6}-\sqrt{2}\right)}{\left(\sqrt{6}+\sqrt{2}\right)\left(\sqrt{6}-\sqrt{2}\right)}$$

$$= \frac{\left(2+\sqrt{3}\right)\left(\sqrt{6}-\sqrt{2}\right)}{4} = \frac{2\sqrt{6}+\sqrt{3}\sqrt{6}-2\sqrt{2}-\sqrt{3}\sqrt{2}}{4}$$

$$= \frac{2\sqrt{6}+3\sqrt{2}-2\sqrt{2}-\sqrt{6}}{4} = \frac{\sqrt{6}+\sqrt{2}}{4}$$

其中 $\overline{AD}^2 = \left(2+\sqrt{3}\right)^2 + 1^2 = 4+3+4\sqrt{3}+1 = 8+4\sqrt{3}$

$$\sqrt{\overline{AD}^2} = \sqrt{8+4\sqrt{3}}$$

$$\overline{AD} = \sqrt{8+4\sqrt{3}} = \sqrt{8+2\sqrt{4}\sqrt{3}} = \sqrt{8+2\sqrt{12}} = \sqrt{6}+\sqrt{2}$$

說明 雙重根號計算

$$\sqrt{\left(\sqrt{x}+\sqrt{y}\right)^2} = \sqrt{x+y+2\sqrt{xy}} = \left(\sqrt{x}+\sqrt{y}\right)$$

因為

$$\left(\sqrt{x}+\sqrt{y}\right)^2 = x+y+2\sqrt{xy}$$

$$\sqrt{x+y\pm 2\sqrt{xy}} = \sqrt{\left(\sqrt{x}\pm\sqrt{y}\right)^2} = \left(\sqrt{x}\pm\sqrt{y}\right)$$（假設 $x > y$ ）

$$\sqrt{7+2\sqrt{10}} = \sqrt{\left(\sqrt{2}+\sqrt{5}\right)^2} = \left(\sqrt{2}+\sqrt{5}\right)$$

$$\sqrt{11-2\sqrt{10}} = \sqrt{\left(\sqrt{1}-\sqrt{10}\right)^2} = \left(\sqrt{10}-\sqrt{1}\right)$$

例題 4

直線斜率為直線斜角 θ 之正切函數值，求圖 5.11 中三條直線 $Line1, Line2, Line3$ 之直線方程式。

解 1. 圖 5.10、圖 5.11 有三條通過原點直線。$Line1$: $y=\left(2-\sqrt{3}\right)x$, $Line3$: $y=\left(2+\sqrt{3}\right)x$ and $Line2$: $y=x$

2. 根據圖中標示角度，求正弦函數值、餘弦函數值、正切函數值，注意：直線斜率等於直線斜角 θ 之正切函數值。

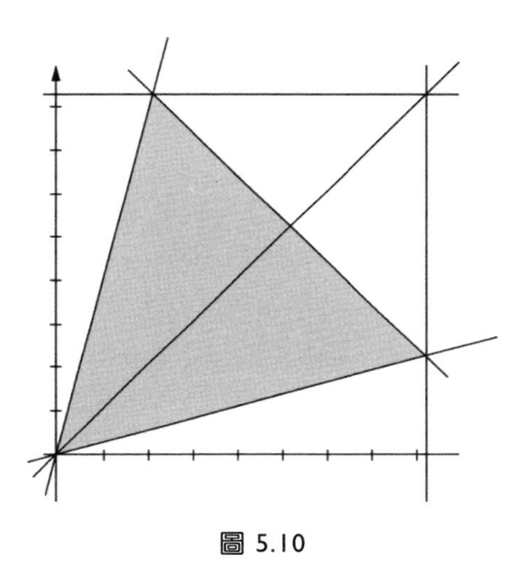

圖 5.10

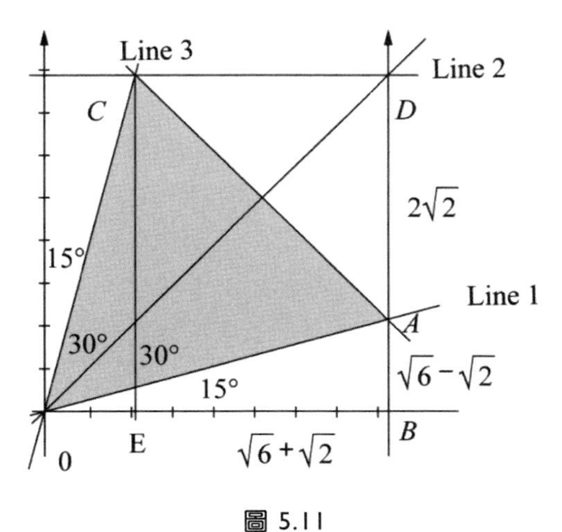

圖 5.11

習題 5-2

EXERCISE

1. 求值：$\sin^2 30°+2\cos^2 45°+3\tan^2 60°$。

2. 直角三角形 ΔABC 中，$\angle A=\theta$，$\tan\theta=3$，試求其他三角函數值。

3. 設 θ 為銳角且 $\tan\theta=\sqrt{2}$，求 $\sin\theta, \cos\theta$。

4. 完成銳角三角函數表格：

	$\sin\theta$	$\cos\theta$	$\tan\theta$
15°			
75°			

5. 如下圖，等腰三角形 ΔABC 中，$\overline{AB}=8, \overline{AC}=8, \overline{BC}=6$，求以下數值：

$$\sin\left(\frac{A}{2}\right), \sin B, \cos\left(\frac{A}{2}\right), \cos B, \tan\left(\frac{A}{2}\right), \tan B$$

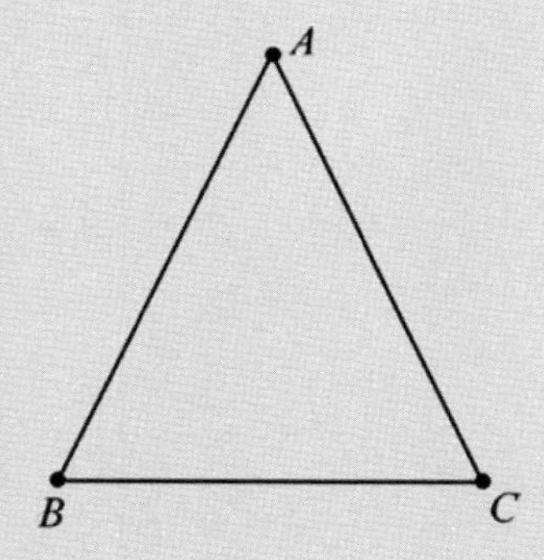

5-3 任意角的三角函數(sin,cos,tan)

在直角坐標平面上，設 $P(x,y)$為標準位置角θ終邊上之一點，$\overline{OP}=r$，如圖 5.12 所示，則定義角θ的三角函數為：

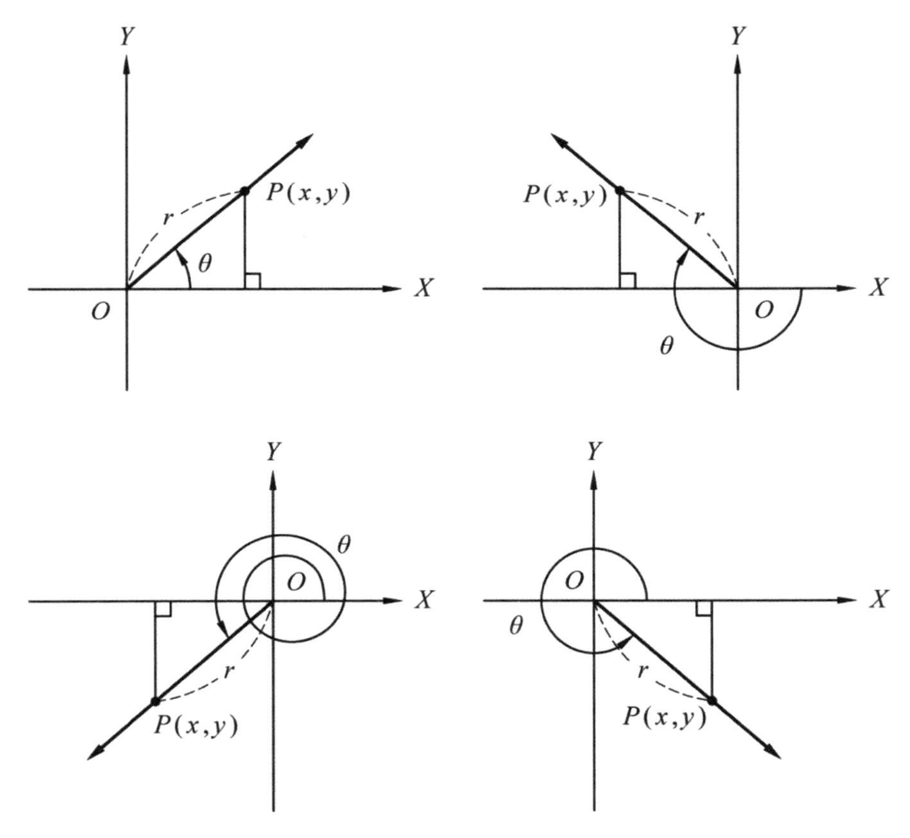

圖 5.12

正弦函數

$$\sin:\theta\rightarrow\frac{y}{r}$$

餘弦函數

$$\cos : \theta \to \frac{x}{r}$$

正切函數

$$\tan : \theta \to \frac{y}{x} \text{，} (x \neq 0)$$

餘切函數

$$\cot : \theta \to \frac{x}{y} \text{，} (y \neq 0)$$

正割函數

$$\sec : \theta \to \frac{r}{x} \text{，} (x \neq 0)$$

餘割函數

$$\csc : \theta \to \frac{r}{y} \text{，} (y \neq 0)$$

角之三角函數值分別為 $\sin(\theta)$ ，$\cos(\theta)$ ，$\tan(\theta)$ ，$\cot(\theta)$ ，$\sec(\theta)$ 與 $\csc(\theta)$ ，簡記為 $\sin\theta$ ，$\cos\theta$ ，$\tan\theta$ ，$\cot\theta$ ，$\sec\theta$ ，$\csc\theta$ ，即

$$\sin\theta = \frac{y}{r} \text{，} \cos\theta = \frac{x}{r}$$

$$\tan\theta = \frac{y}{x} \text{，} \cot\theta = \frac{x}{y}$$

$$\sec\theta = \frac{r}{x} \text{，} \csc\theta = \frac{r}{y}$$

因 $r=\sqrt{x^2+y^2}>0$，故三角函數值為正或為負，全視 $P(x,y)$ 所在之象限而定，亦即由角 θ 終邊在哪一象限內而定，如表 5-2 所示。

表 5-2

角 θ 所在的象限	I	II	III	IV
$\sin\theta$，$\csc\theta$ 之符號	+	+	−	−
$\cos\theta$，$\sec\theta$ 之符號	+	−	−	+
$\tan\theta$，$\cot\theta$ 之符號	+	−	+	−

由三角函數之定義，可直接證得以下之定理，但分母之數值不可為零。

設角 θ 為任一角，則

$$\tan\theta=\frac{\sin\theta}{\cos\theta}\text{，}\cot\theta=\frac{\cos\theta}{\sin\theta}$$

$$\csc\theta=\frac{1}{\sin\theta}\text{，}\sec\theta=\frac{1}{\cos\theta}$$

定理 5-4

設 θ 為任一角，則 $\sin^2\theta+\cos^2\theta=1$，$1+\tan^2\theta=\sec^2\theta$，$1+\cot^2\theta=\csc^2\theta$。

證明 因 $r^2=x^2+y^2$，由三角函數之定義知，

$$\sin^2\theta+\cos^2\theta=\left(\frac{y}{r}\right)^2+\left(\frac{x}{r}\right)^2=1$$

$$1+\tan^2\theta=1+\left(\frac{y}{x}\right)^2=\frac{x^2+y^2}{x^2}=\frac{r^2}{x^2}=\left(\frac{r}{x}\right)^2=\sec^2\theta$$

$$1+\cot^2\theta=1+\left(\frac{x}{y}\right)^2=\left(\frac{r}{y}\right)^2=\csc^2\theta$$

例題 1

設 $P(-3,4)$ 為角 θ 終邊上一點，求 θ 之各三角函數值。

解 因 $x=-3$， $y=4$，故 $r=\sqrt{(-3)^2+4^2}=5$，由三角函數之定義，得

$\sin\theta=\frac{y}{r}=\frac{4}{5}$， $\csc\theta=\frac{5}{4}$

$\cos\theta=\frac{x}{r}=\frac{-3}{5}$， $\sec\theta=-\frac{5}{3}$

$\tan\theta=\frac{y}{x}=-\frac{4}{3}$， $\cot\theta=-\frac{3}{4}$

例題 2

設 $\tan\theta=-\frac{1}{2}$， $\sin\theta>0$，求角 θ 之各三角函數值。

解 因 $\tan\theta<0$， $\sin\theta>0$，故 θ 在第二象限內，又 $\tan\theta=\frac{y}{x}$，

故可取 $y=1$， $x=-2$，則

$$r=\sqrt{1^2+(-2)^2}=\sqrt{5}$$

由三角函數定義知：

$$\sin\theta=\frac{y}{r}=\frac{1}{\sqrt{5}}=\frac{\sqrt{5}}{5}\text{，}\csc\theta=\sqrt{5}$$

$$\cos\theta=\frac{x}{r}=\frac{-2}{\sqrt{5}}=\frac{-2\sqrt{5}}{5}\text{，}\sec\theta=-\frac{\sqrt{5}}{2}\text{，}\cot\theta=-2$$

例題 3

證明 $\dfrac{2\cos^3\theta-\cos\theta}{\sin\theta-2\sin^3\theta}=\cot\theta$ 。

解 左式 $=\dfrac{\cos\theta(2\cos^2\theta-1)}{\sin\theta(1-2\sin^2\theta)}$

$$=\frac{\cos\theta\left[2(1-\sin^2\theta)-1)\right]}{\sin\theta(1-2\sin^2\theta)}$$

$$=\frac{\cos\theta(1-2\sin^2\theta)}{\sin\theta(1-2\sin^2\theta)}=\cot\theta=\text{右式}$$

例題 4

證明 $\dfrac{\tan\theta+\sec\theta-1}{\tan\theta-\sec\theta+1}=\dfrac{1+\sin\theta}{\cos\theta}$ 。

解 左式 $=\dfrac{\tan\theta+\sec\theta-(\sec^2\theta-\tan^2\theta)}{\tan\theta-\sec\theta+1}$

$$=\frac{(\tan\theta+\sec\theta)(1-\sec\theta+\tan\theta)}{\tan\theta-\sec\theta+1}$$

$$=\tan\theta+\sec\theta=\frac{\sin\theta}{\cos\theta}+\frac{1}{\cos\theta}$$

$$=\frac{1+\sin\theta}{\cos\theta}=\text{右式}$$

例題 5

設 $\sin\theta+\cos\theta=\frac{1}{2}$，求下列各值。

(1) $\sin\theta\cos\theta$

(2) $\sin^3\theta+\cos^3\theta$

解 (1) 因 $\sin\theta+\cos\theta=\frac{1}{2}$，兩邊平方得 $(\sin\theta+\cos\theta)^2=\frac{1}{4}$，即

$$\sin^2\theta+2\sin\theta\cos\theta+\cos^2\theta=\frac{1}{4}$$

$$\therefore 1+2\sin\theta\cos\theta=\frac{1}{4}$$

故 $\sin\theta\cos\theta=-\frac{3}{8}$

(2) 因 $\sin^3\theta+\cos^3\theta=(\sin\theta+\cos\theta)(\sin^2\theta-\sin\theta\cos\theta+\cos^2\theta)$

$$=\frac{1}{2}\cdot\left(1+\frac{3}{8}\right)$$

$$=\frac{11}{16}$$

由三角函數之定義知，角 θ 的三角函數值可由終邊上任何異於原點之一點所決定，而角 θ 與角 $2n\pi+\theta$，$(n\in Z)$ 為同界角，此兩角有相同的始邊與終邊，故三角函數值相同。

設 θ 為任一角，$n \in Z$，則

$$\sin(2n\pi+\theta)=\sin\theta \text{，} \csc(2n\pi+\theta)=\csc\theta$$

$$\cos(2n\pi+\theta)=\cos\theta \text{，} \sec(2n\pi+\theta)=\sec\theta$$

$$\tan(2n\pi+\theta)=\tan\theta \text{，} \cot(2n\pi+\theta)=\cot\theta$$

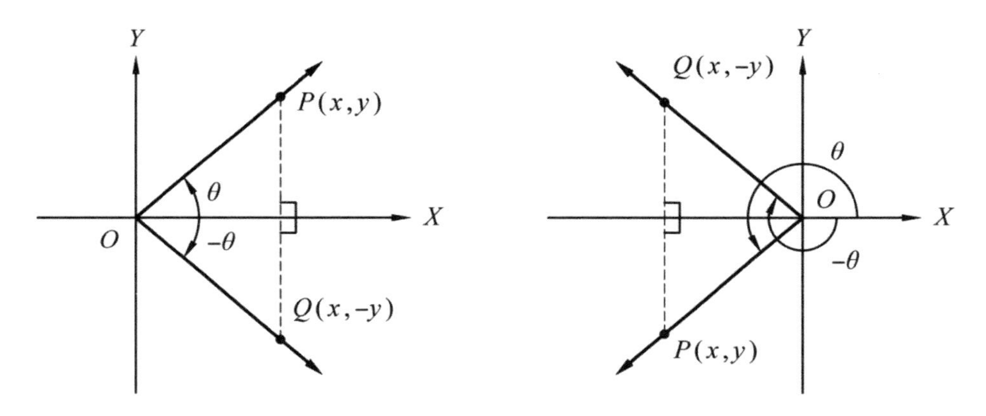

圖 5.13

由定理 5-5 知，大於 2π 的任意角三角函數值，皆可化為小於 2π 之三角函數值，如 $\sin 750°=\sin(2\cdot 360°+30°)=\sin 30°$。

因角 θ 與角 $-\theta$ 的終邊對稱於 X 軸，故當角 θ 終邊上有一點 $P(x,y)$ 時，則角 $-\theta$ 終邊上有一點 $Q(x,-y)$，如圖 5.13 所示：

因此有以下之定理：

定理 5-6

設 θ 為任一角，則

$$\sin(-\theta)=-\sin\theta\text{，}\csc(-\theta)=-\csc\theta$$

$$\cos(-\theta)=\cos\theta\text{，}\sec(-\theta)=\sec\theta$$

$$\tan(-\theta)=-\tan\theta\text{，}\cot(-\theta)=-\cot\theta$$

由此定理，可將任何負角三角函數值化為正角三角函數值。如 $\sin(-\frac{\pi}{3})=-\sin\frac{\pi}{3}$；$\tan(-225°)=-\tan 225°$。

由定理 5-5 及 5-6 而得以下之推論。

5-2

設 θ 為任意角，則

$$\sin(2n\pi-\theta)=-\sin\theta\text{，}\csc(2n\pi-\theta)=-\csc\theta$$

$$\cos(2n\pi-\theta)=\cos\theta\text{，}\sec(2n\pi-\theta)=\sec\theta$$

$$\tan(2n\pi-\theta)=-\tan\theta\text{，}\cot(2n\pi-\theta)=-\cot\theta$$

因角 θ 與角 $\pi+\theta$ 的終邊對稱於原點，故當角 θ 終邊上有一點 $P(x,y)$ 時，則 $\pi+\theta$ 終邊上有一點 $Q(-x,-y)$，如圖 5.14 所示。

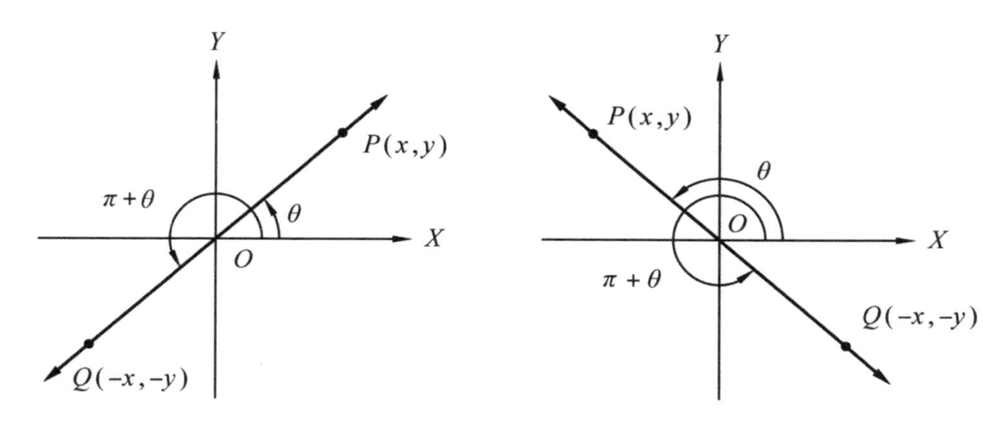

圖 5.14

由三角函數之定義，可得下列定理。

設 θ 為任意角，則

$$\sin(\pi+\theta)=-\sin\theta \text{，} \csc(\pi+\theta)=-\csc\theta$$

$$\cos(\pi+\theta)=-\cos\theta \text{，} \sec(\pi+\theta)=-\sec\theta$$

$$\tan(\pi+\theta)=\tan\theta \text{，} \cot(\pi+\theta)=\cot\theta$$

由定理 5-6 及 5-7 可得下列推論。

5-3

設 θ 為任意角，則

$$\sin(\pi-\theta)=\sin\theta \text{，} \csc(\pi-\theta)=\csc\theta$$

$$\cos(\pi-\theta)=-\cos\theta \text{，} \sec(\pi-\theta)=-\sec\theta$$

$$\tan(\pi-\theta)=-\tan\theta \text{，} \cot(\pi-\theta)=-\cot\theta$$

因角θ與角$\frac{\pi}{2}-\theta$的終邊對稱於直線$y=x$，故當角θ終邊上有一點$P(x,y)$時，則角$\frac{\pi}{2}-\theta$終邊上有一點$Q(y,x)$，如圖 5.15 所示：

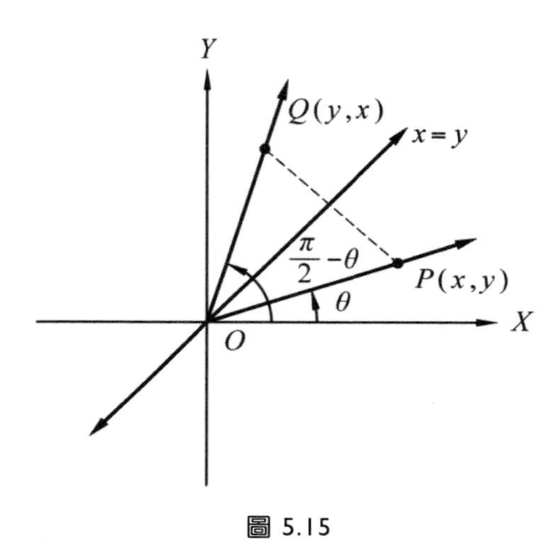

圖 5.15

因此由三角函數之定義得下列定理。

設θ為任意角，則

$$\sin(\frac{\pi}{2}-\theta)=\cos\theta \text{，} \csc(\frac{\pi}{2}-\theta)=\sec\theta$$

$$\cos(\frac{\pi}{2}-\theta)=\sin\theta \text{，} \sec(\frac{\pi}{2}-\theta)=\csc\theta$$

$$\tan(\frac{\pi}{2}-\theta)=\cot\theta \text{，} \cot(\frac{\pi}{2}-\theta)=\tan\theta$$

 5-4

設θ為任意角，則

$$\sin(\frac{\pi}{2}+\theta)=\cos\theta \text{，} \csc(\frac{\pi}{2}+\theta)=\sec\theta$$

$$\cos(\frac{\pi}{2}+\theta)=-\sin\theta \text{，} \sec(\frac{\pi}{2}+\theta)=-\csc\theta$$

$$\tan(\frac{\pi}{2}+\theta)=-\cot\theta \text{，} \cot(\frac{\pi}{2}+\theta)=-\tan\theta$$

由定理 5-6 及 5-8 及推論 5-4，得下列推論。

 5-5

設θ為任意角，則

$$\sin(\frac{3\pi}{2}\pm\theta)=-\cos\theta \text{，} \csc(\frac{3\pi}{2}\pm\theta)=-\sec\theta$$

$$\cos(\frac{3\pi}{2}\pm\theta)=\pm\sin\theta \text{，} \sec(\frac{3\pi}{2}\pm\theta)=\pm\csc\theta$$

$$\tan(\frac{3\pi}{2}\pm\theta)=\mp\cot\theta \text{，} \cot(\frac{3\pi}{2}\pm\theta)=\mp\tan\theta$$

事實上，實際應用時，只需記得下式，皆可將任意三角函數值，化為銳角三角函數值。

設θ為任意角，f表一三角函數，銳角θ'為角θ終邊與X軸的夾角，則有

$$f(\theta)=\pm f(\theta')$$

其中±號由θ所在的象限而定。

如

$$\sin\frac{2\pi}{3}=\sin\frac{\pi}{3}，\cos(-150°)=-\cos 30°$$

$$\tan 300°=-\tan 60°，\cot\frac{7\pi}{3}=\cot\frac{\pi}{3}$$

例題 6

以銳角三角函數值，表出下列各三角函數值。

(1) $\sin 740°$

(2) $\tan(-\frac{4\pi}{3})$

(3) $\cos 585°$

(4) $\sec(-\frac{13\pi}{6})$

解 如圖 5.16 所示

(1) 因 $\theta=740°$ 之終邊在第一象限內，其與 X 軸所夾的銳角 $\theta'=20°$，故 $\sin 740°=+\sin 20°$。

(2) 因 $\theta=-\frac{4\pi}{3}$ 之終邊在第二象限內，其與 X 軸所夾的銳角 $\theta'=\frac{\pi}{3}$，故 $\tan(-\frac{4\pi}{3})=-\tan\frac{\pi}{3}$。

(3) 因 $\theta=585°$ 之終邊在第三象限內，其與 X 軸所夾的銳角 $\theta'=45°$，故 $\cos 585°=-\cos 45°$。

(4) 因 $\theta=-\frac{13}{6}\pi$ 終邊在第四象限內，其與 X 軸所夾的銳角 $\theta'=\frac{\pi}{6}$，故 $\sec(-\frac{13\pi}{6})=\sec\frac{\pi}{6}$。

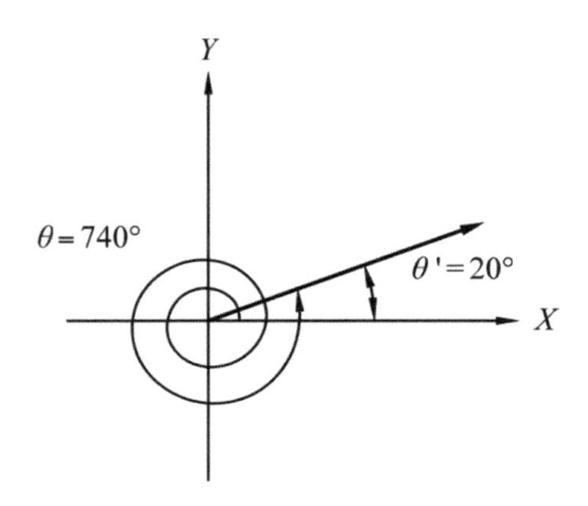

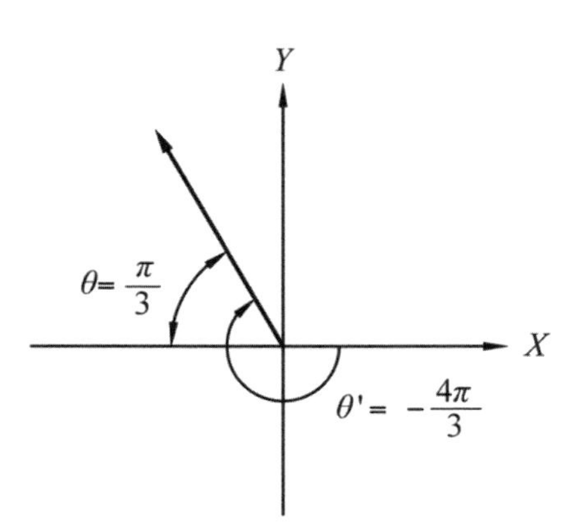

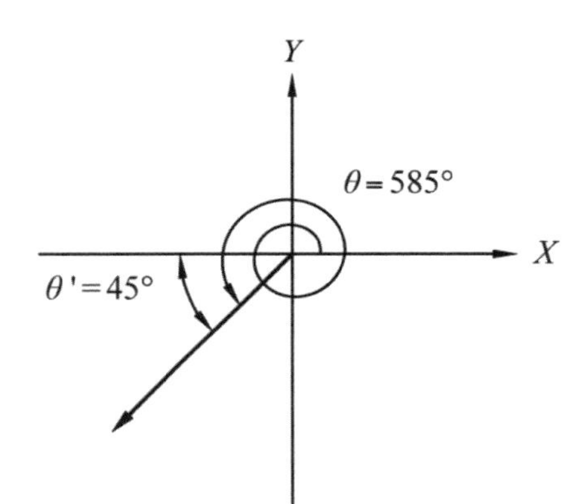

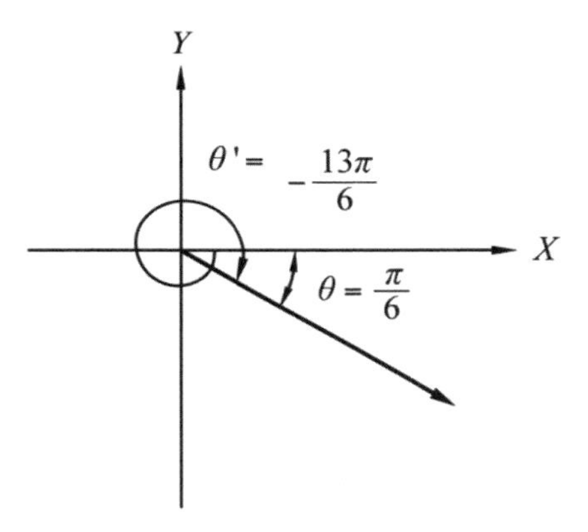

圖 5.16

例題 7

化簡

(1) $\sin(\theta-\frac{3\pi}{2})\sin(\frac{\pi}{2}+\theta)+\cos(\theta-\frac{3\pi}{2})\cos(\frac{7\pi}{2}-\theta)$

(2) $\sec^2(\theta-360°)+\tan(180°-\theta)\cdot\cot(90°-\theta)$

解 (1) 原式 $=\cos\theta\cdot\cos\theta-\sin\theta\cdot(-\sin\theta)$

$=\cos^2\theta+\sin^2\theta$

$=1$

(2) 原式 $=\sec^2\theta+(-\tan\theta)\cdot\tan\theta$

$=\sec^2\theta-\tan^2\theta$

$=1$

習題 5-3

EXERCISE

1. 設 $P(x,-4)$ 為角 θ 終邊上一點，$\cot\theta=3$，求 θ 之各三角函數值。

2. $\sin\theta=\dfrac{12}{13}$，$\cot\theta<0$，求 θ 之各三角函數值。

3. 設 $\sec\theta=-2$，$\sin\theta<0$，求下列各值。

   (1) $\sin\theta+\cos\theta$

   (2) $\tan\theta-\cot\theta$

4. $\tan\theta=\dfrac{3}{4}$，求 $\dfrac{3\sin\theta-4\cos\theta}{2\sin\theta+3\cos\theta}$ 之值。

5. 直角三角形 ABC 中，若 $\angle C$ 為直角，$\angle A=60°$，試求 $\angle A$ 及 $\angle B$ 之各三角函數值。

6. 等腰直角三角形 ABC 中，若 $\angle C$ 為直角，求 $\angle A$ 之各三角函數值。

7. 設 $\sin\theta+\sin^2\theta=1$，求 $\cos^2\theta+\cos^4\theta$ 之值。

8. 證明下列各等式

   (1) $\dfrac{1+\sin\theta}{\cos\theta}+\dfrac{\cos\theta}{1+\sin\theta}=2\sec\theta$

   (2) $\sec^2\theta+\csc^2\theta=\sec^2\theta\cdot\csc^2\theta$

   (3) $\dfrac{\tan\theta-1}{\tan\theta+1}=\dfrac{1-\cot\theta}{1+\cot\theta}$

9. 怎樣的角 θ，使 $\sin\theta=0$ 且 $\cos\theta=1$？

10. 怎樣的角 θ，使 $\cos\theta=0$ 且 $\sin\theta=-1$？

11. 將下列各三角函數值，以銳角三角函數值表出：

(1) $\sin(-\frac{15\pi}{9})$

(2) $\sec\frac{17\pi}{8}$

(3) $\cot(-100°)$

(4) $\cos(-326°)$

(5) $\sin 8$

(6) $\sin\frac{41\pi}{8}$

12. 化簡

(1) $\cot^2(\theta-2\pi)+\cos^2(\theta-\frac{3\pi}{2})+\sin^2(\theta+\frac{\pi}{2})$

(2) $\sin(-\theta)\tan(\frac{\pi}{2}-\theta)\cot(\frac{3\pi}{2}+\theta)\cos\theta$

5-4 正弦定理與餘弦定理

有關三角形的相關性質將以正弦定律等貫穿本節。首先討論正弦定理與餘弦定理。由於三角形面積為 $\frac{1}{2}$×底×高，利用此性質，我們得到以下定理：

5-9 正弦定理

在三角形 ABC 中，其邊角如圖 5.17 所示

有以下關係：

$$\frac{\sin\alpha}{a}=\frac{\sin\beta}{b}=\frac{\sin\gamma}{c}$$

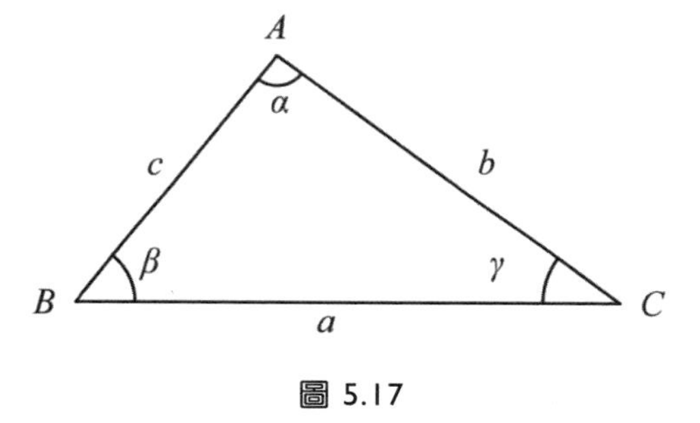

圖 5.17

證明 設 Δ 表示三角形 ABC 的面積，則

$$\begin{aligned}\Delta &= \frac{1}{2}ab\sin r \quad (\ a \text{為底，} b\sin\gamma \text{為高}) \\ &= \frac{1}{2}bc\sin\alpha \quad (\ b \text{為底，} c\sin\alpha \text{為高}) \\ &= \frac{1}{2}ca\sin\beta \quad (\ c \text{為底，} a\sin\beta \text{為高})\end{aligned}$$

將各式除以 abc 得

$$\frac{\frac{1}{2}bc\sin\alpha}{abc}=\frac{\frac{1}{2}ca\sin\beta}{abc}=\frac{\frac{1}{2}ab\sin\gamma}{abc}$$

亦即

$$\frac{\sin\alpha}{a}=\frac{\sin\beta}{b}=\frac{\sin\gamma}{c}$$

定理 5-10 餘弦定理

在三角形 ABC 中，其邊角如圖 5.18 所示。則有下列關係

$$c^2=a^2+b^2-2ab\cos\gamma$$

$$b^2=a^2+c^2-2ac\cos\beta$$

$$a^2=b^2+c^2-2bc\cos\alpha$$

證明 僅證明 $b^2=a^2+c^2-2ac\cos\beta$，其餘兩式同理可證得。首先，將三角形 ABC 置於平面坐標系中，使得點 B 位於(0,0)處，其餘坐標如圖 5.18 所示，由距離公式得

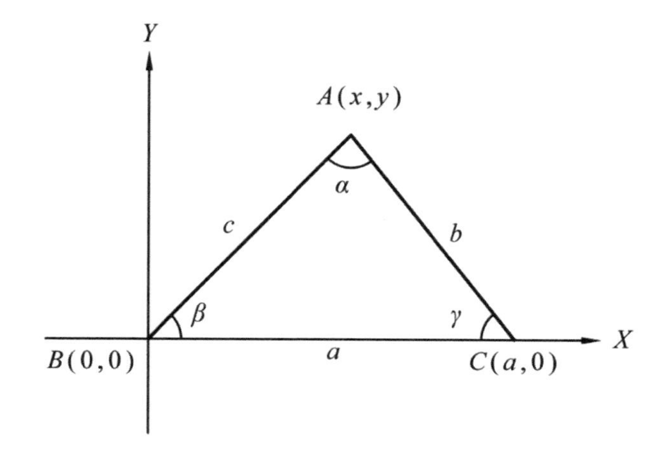

圖 5.18

$$b=\sqrt{(x-a)^2+y^2}$$

$$b^2=(x-a)^2+y^2$$

$$=x^2+y^2-2xa+a^2 \quad (1)$$

$$c=\sqrt{x^2+y^2}$$

$$c^2=x^2+y^2 \quad (2)$$

又 $\cos\beta=\dfrac{x}{c}$ 或

$$x=c\cos\beta \quad (3)$$

將(2)、(3)代入(1)可得

$$\mathrm{b}^2=c^2+a^2-2ca\cos\beta$$

三角形的面積亦可由三邊長求得，利用餘弦定理及倍角、半角公式等，即得以下的海倫公式。

定理 5-11 海倫公式

設 ΔABC 的三邊長、三角分別為 a,b,c 及 α,β,γ 且 $s=\dfrac{1}{2}(a+b+c)$，則面積

$$\Delta=\sqrt{s(s-a)(s-b)(s-c)}$$

例題 1

設三角形 ABC 的三邊長分別為 $a=3$，$b=4$，$c=5$，求其面積。

 解

$$S=\frac{1}{2}(3+4+5)=6$$

則面積

$$\Delta=\sqrt{6(6-3)(6-4)(6-5)}=6$$

例題 2

在 ΔABC 中已知 $a=12$，$\beta=60°$，$\gamma=45°$ 試解此三角形。

解

$$\alpha=180°-\beta-\gamma=75°$$

由正弦定律，得知

$$\frac{\sin 75°}{12}=\frac{\sin 60°}{b}=\frac{\sin 45°}{c}$$

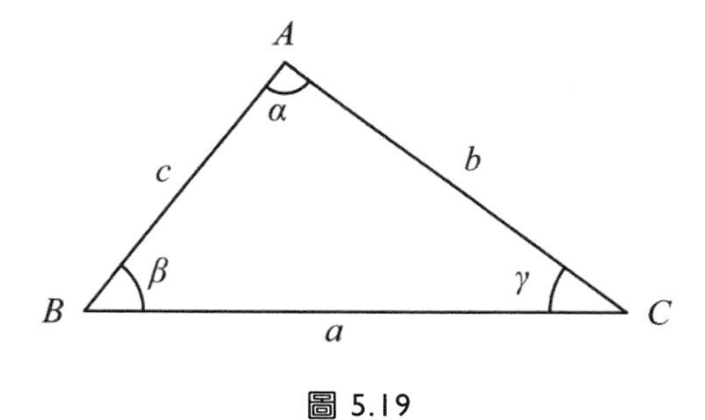

圖 5.19

即

$$b=\frac{12\sin 60°}{\sin 75°}=\frac{12\cdot\frac{\sqrt{3}}{2}}{\frac{\sqrt{6}+\sqrt{2}}{4}}$$

$$=18\sqrt{2}-6\sqrt{6}$$

$$c=\frac{12\sin 45°}{\sin 75°}=\frac{12\cdot\frac{\sqrt{2}}{2}}{\frac{\sqrt{6}+\sqrt{2}}{4}}=12\sqrt{3}-12$$

例題 3

在 ΔABC 中，a,b,c 分別代表 $\angle A$，$\angle B$，$\angle C$ 之對邊長度：

(1) 若 $a+b:b+c:c+a=7:6:5$，試求 $\sin A:\sin B:\sin C$。

(2) 若 $\angle A=45°, \angle B=60°, \overline{BC}=20$，求外接圓半徑。

解

(1) $a+b:b+c:c+a=7:6:5$

$$\begin{cases} a+b=7r \\ b+c=6r \\ c+a=5r \end{cases} \Rightarrow \begin{cases} a=3r \\ b=4r \\ c=2r \end{cases} \Rightarrow a:b:c=3:4:2$$

$\Rightarrow \sin A:\sin B:\sin C=3:4:2$

(2) $\angle A=45°, \angle B=60°, \overline{BC}=20$，由正弦定理知 ΔABC 中

$\dfrac{a}{\sin A}=\dfrac{b}{\sin B}=\dfrac{c}{\sin C}=2R$，$R$ 為 ΔABC 外接圓半徑

$\angle A=45°, \angle B=60°, \overline{BC}=20$

$$\frac{20}{\sin 45°}=\frac{b}{\sin 60°}=\frac{c}{\sin C}=2R$$

$$R=\frac{20}{\frac{1}{\sqrt{2}}}\cdot\frac{1}{2}=10\sqrt{2}$$

例題 4

ΔABC 中，$\angle A=90°, \angle B=60°, \overline{BC}=20$，求 $\overline{AB}$。

解

$\angle A=90°, \angle B=60°, \overline{BC}=20, \angle C=30°$

$$\frac{a}{\sin A}=\frac{b}{\sin B}=\frac{c}{\sin C}$$

$$\frac{20}{\sin 90^\circ}=\frac{b}{\sin 60^\circ}=\frac{\overline{AB}}{\sin 30^\circ}$$

$$\frac{20}{1}=\frac{\overline{AB}}{\frac{1}{2}}$$

$$\overline{AB}=10$$

本題可以 30-60-90 三角形圖解。

例題 5

ΔABC 中，$\overline{AB}=3,\overline{AC}=4,\angle A=60^\circ$，求 $\overline{BC}$ 。

解 由餘弦定理

$$\cos A=\frac{b^2+c^2-a^2}{2bc}$$

$$\cos 60^\circ=\frac{4^2+3^2-a^2}{2\cdot 4\cdot 3}$$

$$a^2=4^2+3^2-24\cos 60^\circ$$

$$a^2=13$$

$$\overline{BC}=a=\sqrt{13}$$

例題 6

ΔABC 中，$\overline{BC}=2,\overline{AB}=\sqrt{3}+1,\angle B=30^\circ$，求 $\overline{AC}$ 。

解 $\because \overline{BC}=a=2,\overline{AB}=c=\sqrt{3}+1,\angle B=30^\circ$，由餘弦定理

$$\cos B=\frac{c^2+a^2-b^2}{2ca}$$

$$\cos B=\frac{\left(\sqrt{3}+1\right)^2+2^2-b^2}{2\left(\sqrt{3}+1\right)\cdot 2}$$

$$b^2=\left(\sqrt{3}+1\right)^2+2^2-4\left(\sqrt{3}+1\right)\cos 30^\circ$$

$$b^2=\left(3+1+2\sqrt{3}\right)+4-4\left(\sqrt{3}+1\right)\frac{\sqrt{3}}{2}$$

$$b^2=\left(3+1+2\sqrt{3}\right)+4-6-2\sqrt{3}$$

$$b^2=2$$

$$\overline{AC}=b=\sqrt{2}$$

例題 7

ΔABC 中，$\overline{AB}=10,\overline{BC}=8,\angle B=60^\circ$，試求(1) ΔABC 之面積、(2) $\overline{AC}$ 上之高。

解 (1) ΔABC 面積 $=\frac{1}{2}\overline{AB}\times\overline{BC}\times\sin\angle B$

$$=\frac{1}{2}\times 10\times 8\times\frac{\sqrt{3}}{2}=20\sqrt{3}$$

(2) 求 $\overline{AC}$ 上之高，先求 $\overline{AC}$

$\because \overline{AB}=10,\overline{BC}=8,\angle B=60^\circ$，由餘弦定理

$$\cos B=\frac{c^2+a^2-b^2}{2ca}$$

$$\cos 60° = \frac{10^2 + 8^2 - b^2}{2 \cdot 10 \cdot 8}$$

$$b^2 = 10^2 + 8^2 - 160\cos 60°$$

$$b^2 = 10^2 + 8^2 - 160\left[\frac{1}{2}\right]$$

$$b^2 = 10^2 + 8^2 - 80$$

$$b^2 = 84$$

$$\overline{AC} = b = 2\sqrt{21}$$

$$\because \Delta ABC\text{面積} = \frac{1}{2}\overline{AC} \times h_b$$

$$20\sqrt{3} = \frac{1}{2} \times 2\sqrt{21} \times h_b$$

$$\overline{AC}\text{ 上之高 } h_b = \frac{20\sqrt{3}}{\sqrt{21}} = \frac{20}{\sqrt{7}}$$

例題 8

在 ΔABC 中，已知三邊之長分別為 10,8,6，求最大角。

解 在三角形中因大角對大邊，故所求之角為邊長為 10 所對之角 θ，亦即

$$10^2 = 8^2 + 6^2 - 2 \cdot 8 \cdot 6\cos\theta$$

則

$$\cos\theta = 0$$

故 $\theta = 90°$

習題 5-4

EXERCISE

1. 設三角形之三邊為 7、3、5，求最大角。

2. 設三角形之三邊分別為 3、4、6，求其面積。

3. 設 ΔABC 的三內角之比為 2:1:3，則三邊長之比為何？

4. 在 ΔABC 中，設 $\angle BAC = 60°$，$\overline{AC} = \sqrt{6} + \sqrt{2}$，$\overline{BC} = 2\sqrt{3}$，求 $\overline{AB}$。

5. 設 ΔABC 中，$\angle BAC = 45°$，$\angle BCA = 75°$，求 $\overline{AB} : \overline{BC} : \overline{CA}$。

6. 在距離一旗桿底 30 公尺處測得旗桿之仰角為 30°，求旗桿之長。

7. 山頂有一旗桿之高為 10 公尺，在地面上一點測得山頂與旗桿之仰角分別為 30° 與 45°，求山高。

8. 設 ΔABC 中，$\overline{BC} = 1$，$\overline{AC} = 1$，$\overline{AB} = \sqrt{3}$，求各角。

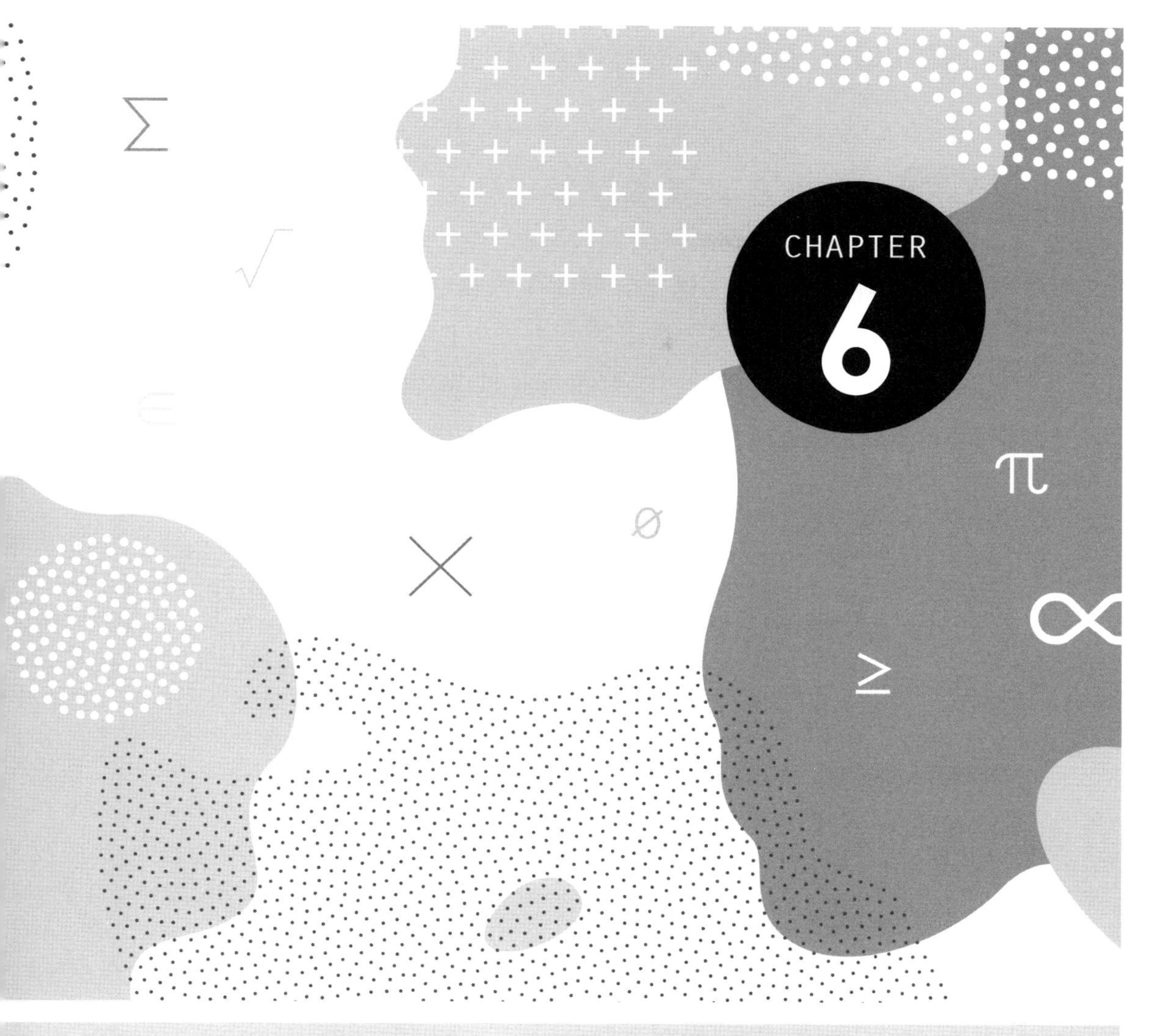

向　量

6-1 向量及其基本運算

在我們所討論身高，體重等問題中，往往僅是描述量的大小，但自然界中仍有許多事物除了表達量的大小外，必須表明其方向。例如 5 公斤的力向東推一物體和 5 公斤力向西推即為兩不同之量。故數學上特別將同時指明大小和方向的量稱“向量”，而以 $\vec{a}$，$\vec{b}$，$\vec{F}$ 等表示。

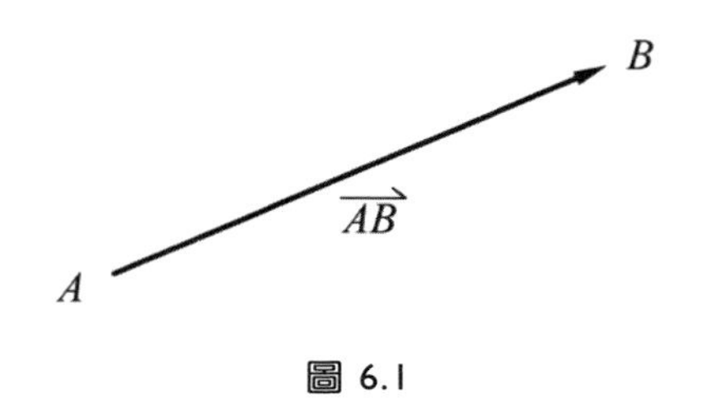

圖 6.1

向量可藉“有向線段”來表達。設 A，B 表相異二點，若線段由 A 指向 B，則稱 A 為始點，B 為終點，以符號 $\overrightarrow{AB}$ 表示有向線段。而符號 $\left|\overrightarrow{AB}\right|$ 表有向線段的長度也就是向量大小，$\overrightarrow{AB}$ 的指向即表向量的方向。如圖 6.1 所示，故我們常把向量視為有向線段。

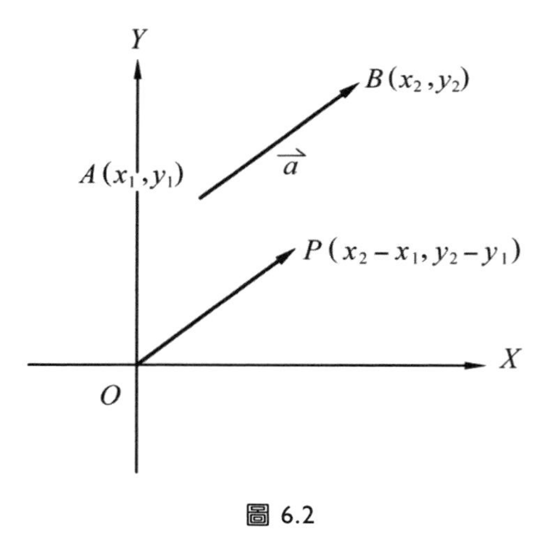

圖 6.2

兩個等長且方向相同的向量稱為相等，以 $\vec{a}=\vec{b}$ 表示。當 $\left|\vec{a}\right|=0$ 時稱 $\vec{a}$ 為零向量，可記為 $\vec{0}$，此時方向不定。若一向量和向量 $\vec{a}$ 等長但方向相反，則記為 $-\vec{a}$。

為了方便向量的運算，可引用直角坐標來表示向量。設 $\vec{a}$ 表一向量，其始點 $A(x_1,y_1)$，終點 $B(x_2,y_2)$，若將 $\vec{a}$ 平行移動，使 A 和原點重合，而 B 點移動到 P 點，則 P 點坐標 (x_2-x_1,y_2-y_1)，也就是 $\overrightarrow{OP}=\overrightarrow{AB}=\vec{a}$

故對任意向量均有唯一以原點為始點的向量與之對應相等。所以我們可以用點 P 的坐標來描述向量 $\vec{a}$，為區別坐標和向量，以符號 $\vec{a}=\langle x_2-x_1,y_2-y_1\rangle$ 表示，即 $\overrightarrow{AB}=\langle x_2-x_1,y_2-y_1\rangle$ 且 $\left|\overrightarrow{AB}\right|=\sqrt{(x_2-x_1)^2+(y_2-y_1)^2}$。

例題 1

設 $A(2,3)$，$B(4,5)$ 用坐標表示出 $\overrightarrow{AB}$ 並求 $\left|\overrightarrow{AB}\right|$。

解 $\overrightarrow{AB}=\langle 4-2,5-3\rangle=\langle 2,2\rangle$ $\quad\left|\overrightarrow{AB}\right|=\sqrt{4+4}=2\sqrt{2}$

1. **向量**：具有長度和方向的量稱為向量，我們可用有向線段來表示一個向量。如 $\overrightarrow{AB}$，稱為向量 AB，其中 $\overline{AB}$ 長為此向量的長度，記作 $\left|\overrightarrow{AB}\right|$，由 A 指向 B 稱為此向量的方向。
2. **零向量**：始點與終點重合的有向線段 $\overrightarrow{AA}$ 稱為零向量，通常以 $\vec{0}$ 表示。
3. **相等向量**：長度相等且方向相同的兩向量稱為相等的兩向量。（與向量的所在位置無關）。

圖示向量的加法有兩方法，一為三角形法、一為平行四邊形法。

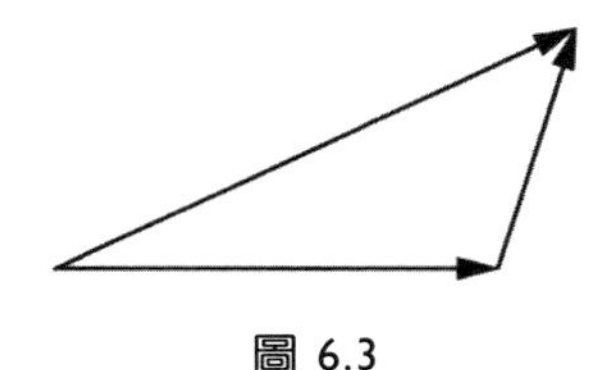
圖 6.3

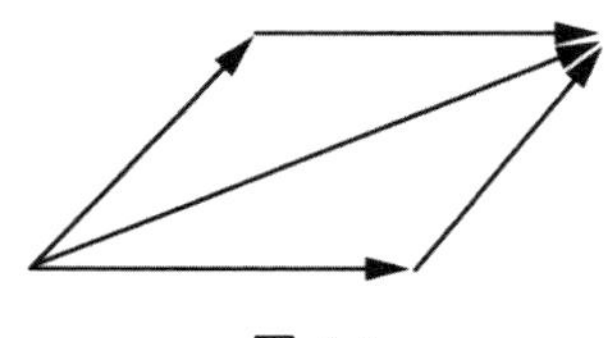
圖 6.4

在物理上，力和力可作成合力，如圖 6.5，$\overline{F}$ 為 $\overline{F_1}$ 和 $\overline{F_2}$ 的合力，所以向量和向量間是可以運算的。

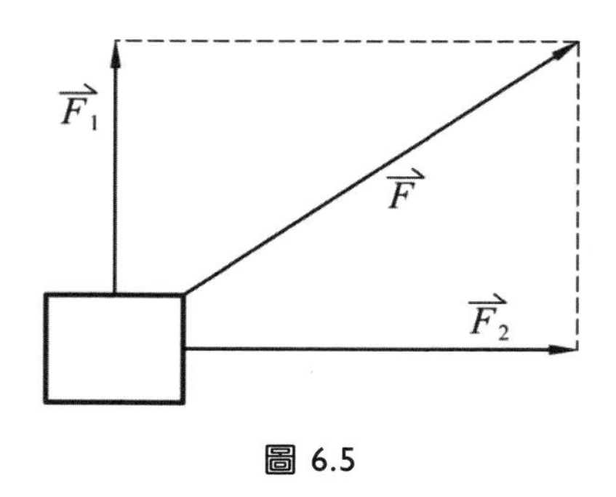

圖 6.5

設 $\bar{a} = < x_1, y_1 >$，$\bar{b} = < x_2, y_2 >$ 表兩向量，則兩向量之和以符號 $\bar{a} + \bar{b}$ 表示，可視為兩力的水平方向力和垂直方向力相加而成的合力，故可定義為

$$\bar{a} + \bar{b} = < x_1 + x_2, y_1 + y_2 >$$

如圖

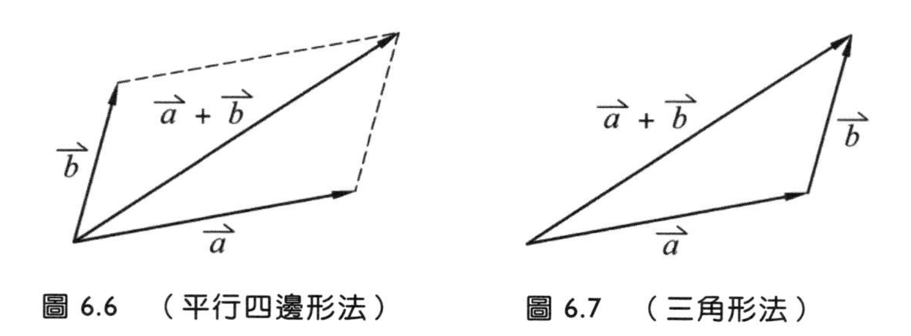

圖 6.6 （平行四邊形法）　　圖 6.7 （三角形法）

若 $k > 0$ 為一實數，則 $< kx, ky >$ 是與向量 $\bar{a} = < x, y >$ 同向且其長度為 $\bar{a}$ 的 k 倍，故 $k\bar{a} = k < x, y > = < kx, ky >$。而 $-\bar{a}$ 表 $\bar{a}$ 相反向量，故 $-\bar{a} = < -x, -y >$。若 $k < 0$ 則 $-k > 0$ 且

$$-k < x, y > = < -kx, -ky > = - < kx, ky >$$

故 $k\vec{a}=k<x,y>=<kx,ky>$。而其所代表的幾何意義為 $k\vec{a}$ 為 $\vec{a}$ 同方向長度 k 倍或反方向長度 k 倍。

例題 2

若 $\vec{a}=<-3,2>$，$\vec{b}=<4,5>$ 試求 $\vec{a}+\vec{b}$，$5\vec{a}$，$-3\vec{b}$。

解 $\vec{a}+\vec{b}=<-3+4,2+5>=<1,7>$

$5\vec{a}=<5\cdot(-3),5\cdot 2>=<-15,10>$

$-3\vec{b}=<-3\cdot 4,-3\cdot 5>=<-12,-15>$

定理 6-1

設 $\vec{a}$，$\vec{b}$，$\vec{c}$ 表任意三向量，$\alpha,\beta\in R$　滿足下列性質：

1. $\vec{a}+\vec{b}=\vec{b}+\vec{a}$（交換性）
2. $(\vec{a}+\vec{b})+\vec{c}=\vec{a}+(\vec{b}+\vec{c})$（結合性）
3. $\vec{a}+\vec{0}=\vec{0}+\vec{a}=\vec{a}$
4. $\vec{a}+(-\vec{a})=\vec{0}$
5. $\alpha(\vec{a}+\vec{b})=\alpha\vec{a}+\alpha\vec{b}$（分配性）
   $(\alpha+\beta)\vec{a}=\alpha\vec{a}+\beta\vec{a}$
6. $(\alpha\beta)\vec{a}=\alpha(\beta\vec{a})=\alpha\beta\vec{a}$

證明 略

例題 3

若 $\alpha<5,-3>+\beta<2,-1>=<7,-3>$，試求 α 、 β 。

解 $\alpha<5,-3>+\beta<2,-1>=<5\alpha,-3\alpha>+<2\beta,-\beta>=<5\alpha+2\beta,-3\alpha-\beta>$

$$=<7,-3>$$

$$\begin{cases}5\alpha+2\beta=7\\-3\alpha-\beta=-3\end{cases}\Rightarrow\alpha=-1,\ \ \beta=6$$

若向量 $\vec{u}$ 其長度 $|\vec{u}|=1$ 則稱 $\vec{u}$ 為單位向量。在平面上取兩單位向量 $\vec{i}=<1,0>$ ， $\vec{j}=<0,1>$ ，則對任一向量 $\vec{a}=<x,y>$ 均可表為

$$\vec{a}=<x,y>=x<1,0>+y<0,1>=x\vec{i}+y\vec{j}$$

故特稱 $\vec{i}$ ， $\vec{j}$ 為平面的自然基底。

若向量 $\vec{a}\neq\vec{0}$ ，則 $\dfrac{\vec{a}}{|\vec{a}|}$ 為 $\vec{a}$ 方向的單位向量。

例題 4

設 $\vec{a}=<3,4>$ ，試求 $\vec{a}$ 方向上的單位向量。

解 $\because|\vec{a}|=\sqrt{3^2+4^2}=5$

$\therefore\vec{a}$ 方向單位向量為 $\dfrac{\vec{a}}{|\vec{a}|}=\dfrac{1}{5}<3,4>=<\dfrac{3}{5},\dfrac{4}{5}>$

定理 6-2 分點公式

若 $P(x_1,y_1)$，$Q(x_2,y_2)$ 為平面上相異二點，$R(x,y)$ 為 $\overline{PQ}$ 上介於 P,Q 之間的點，且 $\overline{PR}:\overline{QR}=m:n$，則

$$\begin{cases} x=\dfrac{nx_1+mx_2}{m+n} \\ y=\dfrac{ny_1+my_2}{m+n} \end{cases}$$

證明 設 O 表原點，則 $\overrightarrow{OP}=<x_1,y_1>$，$\overrightarrow{OQ}=<x_2,y_2>$，$\overrightarrow{OR}=<x,y>$，$\overrightarrow{PQ}=<x_2-x_1,y_2-y_1>$，如圖 6.8。

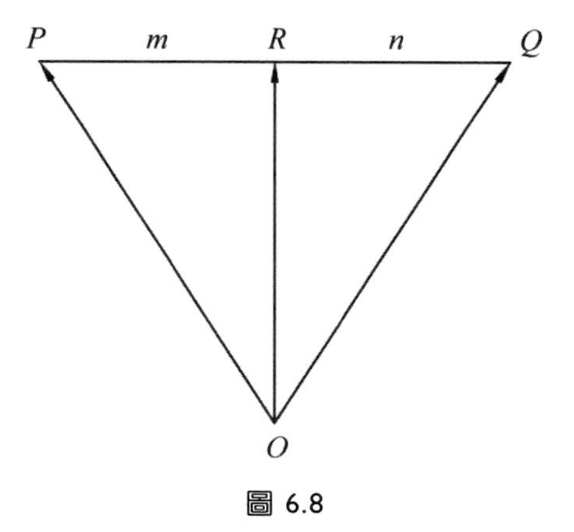

圖 6.8

$$\begin{aligned}\overrightarrow{OR}&=\overrightarrow{OP}+\overrightarrow{PR}\\&=\overrightarrow{OP}+\frac{m}{m+n}\overrightarrow{PQ}\\&=<x_1,y_1>+\frac{m}{m+n}<x_2-x_1,y_2-y_1>\\&=<\frac{nx_1+mx_2}{m+n},\frac{ny_1+my_2}{m+n}>\end{aligned}$$

$\therefore x=\dfrac{nx_1+mx_2}{m+n}$，$x=\dfrac{ny_1+my_2}{m+n}$

例題 5

設 $P(-2,1)$，$Q(-4,-3)$，R 介於 P,Q 之間，且 $\overline{PR}:\overline{QR}=3:2$，試求 R 點坐標。

解 設 R 點坐標為 (x,y) 由定理 3-2 知

$$\begin{cases} x=\dfrac{2\cdot(-2)+3\cdot(-4)}{3+2}=\dfrac{-16}{5} \\ y=\dfrac{2\cdot1+3\cdot(-3)}{3+2}=\dfrac{-7}{5} \end{cases} \quad \therefore R(\frac{-16}{5},\frac{-7}{5})$$

例題 6

設兩向量 $\vec{a},\vec{b}$，$\vec{a}=\langle 4,0\rangle$，$\vec{b}=\langle 0,4\rangle$。

(1) 在平面座標上標明以下 4 向量 $\vec{a},\vec{b},\vec{a}+\vec{b},-\vec{a}+2\vec{b}$（利用 DESMOS 等比例性質畫圖標記）。

(2) 求 $\vec{a}+\vec{b},-\vec{a}+2\vec{b}$的大小。

(3) 求 $\vec{a}+\vec{b}$與 $-\vec{a}+2\vec{b}$之夾角（利用餘弦定理）。

本題是幫助同學理解向量概念的題組。示範向量如何標示，向量的加減法，向量絕對值。利用餘弦定理求兩向量的夾角，是一個跨單元的例題。

解 (1) 如圖 6.9

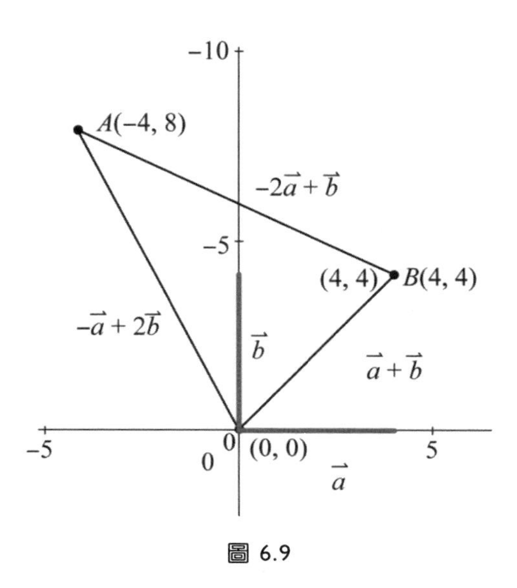

圖 6.9

(2) 求 $\vec{a}+\vec{b}$, $-\vec{a}+2\vec{b}$的大小

向量座標表示法 $\vec{a}=\langle 4,0\rangle,\vec{b}\langle 0,4\rangle$

向量的加法 $\vec{a}+\vec{b}=\langle 4,0\rangle+\langle 0,4\rangle=\langle 4,4\rangle$

向量係數積 $-\vec{a}+2\vec{b}=-\langle 4,0\rangle+2\langle 0,4\rangle=-\langle 4,0\rangle+\langle 0,8\rangle=\langle -4,8\rangle$

向量的大小

$\left|\vec{a}\right|=\left|\langle 4,0\rangle\right|=4,\left|\vec{b}\right|=\left|\langle 0,4\rangle\right|=4$

$\left|\vec{a}+\vec{b}\right|=\left|\langle 4,4\rangle\right|=\sqrt{4^2+4^2}=4\sqrt{2}$

$\left|-\vec{a}+2\vec{b}\right|=\left|\langle -4,8\rangle\right|=\sqrt{(-4)^2+8^2}=4\sqrt{5}$

(3) 求 $\vec{a}+\vec{b}$與 $-\vec{a}+2\vec{b}$之夾角（利用餘弦定理）

如上圖標示，求 $\overrightarrow{OA}$與 $\overrightarrow{OB}$的夾角，使用餘弦定理必須先求出 $\overrightarrow{BA}$ 的大小。

$\overrightarrow{BA}=\langle -4,8\rangle-\langle 4,4\rangle=\langle -8,4\rangle$

或 $\overrightarrow{BA}=\overrightarrow{OA}-\overrightarrow{OB}$（向量減法）

即 $\overrightarrow{BA}=\overrightarrow{OA}-\overrightarrow{OB}=\left[-\vec{a}+2\vec{b}\right]-\left[\vec{a}+\vec{b}\right]=-2\vec{a}+\vec{b}$

$\left|\overrightarrow{BA}\right|=\left|(-8,4)\right|=\sqrt{(-8)^2+4^2}=4\sqrt{5}$

$\left|\overrightarrow{OA}\right|=4\sqrt{5},\left|\overrightarrow{OB}\right|=4\sqrt{2},\left|\overrightarrow{BA}\right|=4\sqrt{5}$

令 $\angle AOB=\angle O=\theta$

由餘弦定理

$$\cos\theta=\frac{\left|\overrightarrow{OA}\right|^2+\left|\overrightarrow{OB}\right|^2-\left|\overrightarrow{BA}\right|^2}{2\left|\overrightarrow{OA}\right|\left|\overrightarrow{OB}\right|}=\frac{\left(4\sqrt{5}\right)^2+\left(4\sqrt{2}\right)^2-\left(4\sqrt{5}\right)^2}{2\cdot4\sqrt{5}\cdot4\sqrt{2}}$$

$\cos\theta=\dfrac{\left(4\sqrt{2}\right)^2}{2\cdot4\sqrt{5}\cdot4\sqrt{2}}=\dfrac{\sqrt{2}}{2\sqrt{5}}=\dfrac{\sqrt{10}}{10}$，利用 EXCEL 求出

$$\angle AOB=\theta=\left[1.2490457724\text{弳度}\right]=\frac{(1.2490457724)\cdot180^\circ}{\pi}\doteq71.565^\circ$$

（對照圖形）

例題 7

設兩向量 $\vec{a},\vec{b}$，$\vec{a}=\langle5,0\rangle$，$\vec{b}=\langle0,5\rangle$。

(1) 在平面座標上標明以下 4 向量 $\vec{a},\vec{b},\vec{a}+2\vec{b},-2\vec{a}+\vec{b}$（利用 DESMOS 等比例性質畫圖標記）。

(2) 並求 $\vec{a}+2\vec{b},-2\vec{a}+\vec{b}$ 的大小。

(3) 求 $\vec{a}+2\vec{b}$ 與 $-2\vec{a}+\vec{b}$ 之夾角（利用餘弦定理）。

解 (1) $\vec{a}=\langle 5,0\rangle$，$\vec{b}=\langle 0,5\rangle$

$\vec{a}+2\vec{b}=\langle 5,0\rangle+2\langle 0,5\rangle=\langle 5,10\rangle$

$-2\vec{a}+\vec{b}=-2\langle 5,0\rangle+\langle 0,5\rangle=\langle -10,5\rangle$ ，如圖 6.10 所示

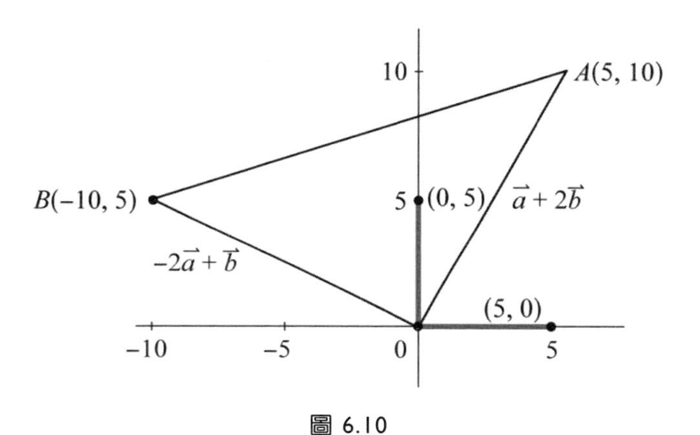

圖 6.10

(2) $\left|\vec{a}+2\vec{b}\right|=\left|\langle 5,10\rangle\right|=\sqrt{5^2+10^2}=5\sqrt{5}$

$\left|-2\vec{a}+\vec{b}\right|=\left|\langle -10,5\rangle\right|=\sqrt{(-10)^2+5^2}=5\sqrt{5}$

(3)

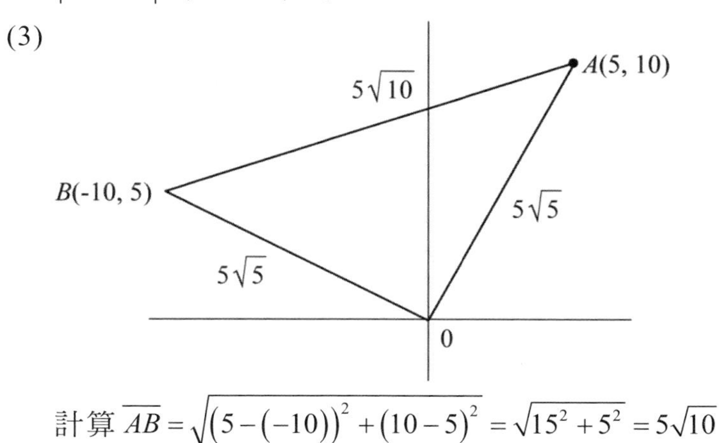

計算 $\overline{AB}=\sqrt{\left(5-(-10)\right)^2+(10-5)^2}=\sqrt{15^2+5^2}=5\sqrt{10}$

$$\cos(\angle AOB) = \frac{\left(\overline{OA}\right)^2 + \left(\overline{OB}\right)^2 - \left(\overline{AB}\right)^2}{2 \cdot \overline{OA} \cdot \overline{OB}}$$

$$= \frac{125 + 125 - 250}{2 \cdot 5\sqrt{5} \cdot 5\sqrt{5}} = 0$$

$\therefore \angle AOB = 90^\circ$

即 $\vec{a} + 2\vec{b}$ 與 $-2\vec{a} + \vec{b}$ 兩向量互相垂直，夾角 90°，內積為 0。

習題 6-1

EXERCISE

1. 試求下列各小題中 P、Q 兩點所形成之 $\overline{PQ}$，$\overline{QP}$，$\left|\overline{PQ}\right|$，$\left|\overline{QP}\right|$
   (1) $P(2,-1)$，$Q(3,5)$；(2) $P(-3,-2)$，$Q(-1,2)$
2. 若 $\vec{a}=<3,-2>$，$\vec{b}=<-1,4>$，試求 (1) $\vec{a}+\vec{b}$；(2) $\vec{a}-2\vec{b}$；(3) $3\vec{a}$；
   (4) $\dfrac{-1}{4}\vec{b}$
3. 若 $\alpha<-3,2>+\beta<6,-5>=<-4,6>$，試求 $\alpha,\beta=?$
4. $2<a,-1>+2<-1,b>=<b,a>$，試求 $a,b=?$
5. 試就下列所給之向量，求其方向上之單位向量 $\vec{n}$。
   (1) $\vec{a}=<3,-4>$ (2) $\vec{b}=<-5,-12>$ (3) $\vec{c}=<3,3>$
6. 設 $P(1,3)$，$Q(-4,6)$，R 介於 P、Q 之間，且 $\overline{PR}/\overline{RQ}=\dfrac{1}{2}$，試求 R 點之坐標。
7. 設 $A(-3,5)$，$B(3,-7)$，C 介於 A、B 之間，且 $\overline{AC}/\overline{AB}=\dfrac{2}{3}$，試求 C 點之坐標。
8. 設 $A(7,14)$，$B(-2,2)$，試求 $\overline{AB}$ 之三等分點。
9. 設 $R(-2,0)$ 為 $\overline{PQ}$ 之分點，且 $\overline{PR}/\overline{QR}=4$，已知 Q 點為 $(5,-3)$，試求 P 點之坐標。
10. 設 $O(3,a)$ 為 $\overline{PQ}$ 之分點，且 $\overline{OP}/\overline{OQ}=3$，已知 $P(5,-2)$，$Q(b,6)$，試求 $a+b=?$

6-2 向量內積

任意二向量 $\vec{a}=<x_1,y_1>$，$\vec{b}=<x_2,y_2>$，我們定義“內積”（或稱純量積或點積）如下：

$$\vec{a}\cdot\vec{b}=<x_1,y_1>\cdot<x_2,y_2>=x_1x_2+y_1y_2$$

定理 6-3

設 $\vec{a}$，$\vec{b}$，$\vec{c}$ 為任意三向量，$k\in R$，則

(1) $\vec{a}\cdot\vec{a}=\left|\vec{a}\right|^2$

(2) $\vec{a}\cdot\vec{b}=\vec{b}\cdot\vec{a}$

(3) $\vec{a}\cdot(\vec{b}+\vec{c})=\vec{a}\cdot\vec{b}+\vec{a}\cdot\vec{c}$

(4) $k(\vec{a}\cdot\vec{b})=(k\vec{a})\cdot\vec{b}=\vec{a}\cdot(k\vec{b})$

證明 設 $\vec{a}=<x_1,y_1>$，$\vec{b}=<x_2,y_2>$，$\vec{c}=<x_3,y_3>$

(1) $\vec{a}\cdot\vec{a}=x_1^2+y_1^2=\left|\vec{a}\right|^2$

(2)
$$\begin{aligned}\vec{a}\cdot\vec{b}&=<x_1,y_1>\cdot<x_2,y_2>\\&=x_1x_2+y_1y_2\\&=x_2x_1+y_2y_1\\&=\vec{b}+\vec{a}\end{aligned}$$

(3)
$$\begin{aligned}\vec{a}\cdot(\vec{b}+\vec{c})&=<x_1,y_1>\cdot<x_2+x_3,y_2+y_3>\\&=x_1(x_2+x_3)+y_1(y_2+y_3)\\&=x_1x_2+x_1x_3+y_1y_2+y_1y_3\end{aligned}$$

$$= (x_1x_2 + y_1y_2) + (x_1x_3 + y_1y_3)$$
$$= \vec{a}\cdot\vec{b} + \vec{a}\cdot\vec{c}$$

(4) $k(\vec{a}\cdot\vec{b}) = k(x_1x_2 + y_1y_2)$

$$= (kx_1)x_2 + (ky_1)y_2 = (k\vec{a})\cdot\vec{b}$$
$$= x_1(kx_2) + y_1(ky_2) = \vec{a}\cdot(k\vec{b})$$

例題 1

設 $\vec{a} = <-2,5>$，$\vec{b} = <1,3>$，求(1) $\vec{a}\cdot\vec{b}$ 、(2) $(2\vec{a}-3\vec{b})\cdot(\vec{a}+\vec{b})$ 。

解 (1) $\vec{a}\cdot\vec{b} = <-2,5>\cdot<1,3> = -2+15 = 13$

(2) $(2\vec{a}-3\vec{b})\cdot(\vec{a}+\vec{b}) = 2\vec{a}\cdot\vec{a} - 3\vec{b}\cdot\vec{a} + 2\vec{a}\cdot\vec{b} - 3\vec{b}\cdot\vec{b}$

$$= 2\vec{a}\cdot\vec{a} - \vec{a}\cdot\vec{b} - 3\vec{b}\cdot\vec{b}$$
$$= 2(4+25) - 13 - 3(1+9)$$
$$= 15$$

定理 6-4

若 $\vec{a},\vec{b} \neq 0$ 且 θ 為 $\vec{a}$ 與 $\vec{b}$ 的夾角 $(0 \leq \theta \leq \pi)$，則

$$\vec{a}\cdot\vec{b} = |\vec{a}||\vec{b}|\cos\theta$$

證明 (1) 若 $\theta = 0$ 表 $\vec{a}$ 與 $\vec{b}$ 同向，故存在 $k > 0$ 使得 $\vec{a} = k\vec{b}$

而

$$\vec{a}\cdot\vec{b} = k\vec{b}\cdot\vec{b} = k|\vec{b}|^2$$
$$|\vec{a}||\vec{b}|\cos 0^\circ = |k\vec{b}||\vec{b}|\cdot 1 = k|\vec{b}|^2$$
$$\therefore \vec{a}\cdot\vec{b} = |\vec{a}||\vec{b}|\cos 0^\circ$$

(2) 若 $\theta=\pi$ 表 $\vec{a}$ 與 $\vec{b}$ 反向，故存在 $k<0$ 使得 $\vec{a}=k\vec{b}$

而

$$\vec{a}\cdot\vec{b}=k\vec{b}\cdot\vec{b}=k\,|\vec{b}|^2$$

$$|\vec{a}||\vec{b}|\cos\pi=|k\vec{b}||\vec{b}|\cdot(-1)=-|k||\vec{b}|^2=k\,|\vec{b}|^2$$

$\therefore\ \vec{a}\cdot\vec{b}=|\vec{a}||\vec{b}|\cos\pi$

(3) 若 $0<\theta<\pi$ ，利用餘弦定理，設 $\overline{OA}=\vec{a}=<x_1,y_1>$ ，$\overline{OB}=\vec{b}=<x_2,y_2>$ 如圖 6.11，θ 表 $\vec{a}$ 與 $\vec{b}$ 的夾角。

$$\overline{OA}-\overline{OB}=\overline{BA}=<x_1-x_2,y_1-y_2>$$

且

$$\vec{a}=\left|\overline{OA}\right|=\sqrt{x_1^2+y_1^2}\ ，\ \vec{b}=\left|\overline{OB}\right|=\sqrt{x_2^2+y_2^2}$$

$$\left|\overline{BA}\right|=\sqrt{(x_1-x_2)^2+(y_1-y_2)^2}$$

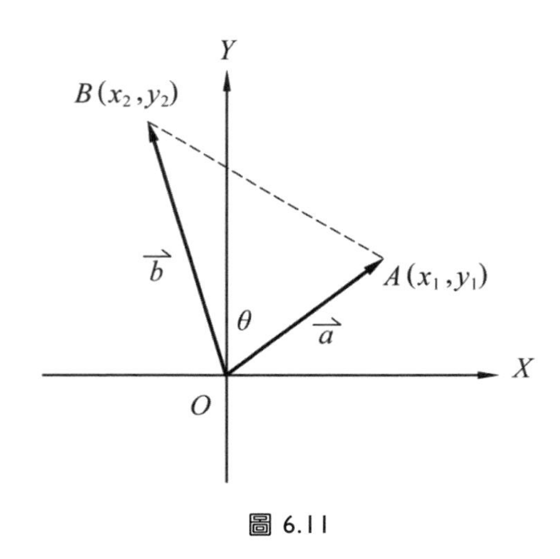

圖 6.11

在 ΔOAB 中，由餘弦定理知

$\because\ |\overline{BA}|^2=|\vec{a}|^2+|\vec{b}|^2-2|\vec{a}||\vec{b}|\cos\theta$

$$(x_1-x_2)^2+(y_1-y_2)^2=x_1^2+y_1^2+x_2^2+y_2^2-2|\vec{a}||\vec{b}|\cos\theta$$

$\therefore\ 2x_1x_2+2y_1y_2=2|\vec{a}||\vec{b}|\cos\theta$

即

$$\vec{a}\cdot\vec{b}=|\vec{a}||\vec{b}|\cos\theta$$

在定理 6-4 中，若 $\theta=\dfrac{\pi}{2}$ 則有下述結論：

若 $\vec{a}\neq\vec{0},\vec{b}\neq\vec{0}$，則 $\vec{a}\cdot\vec{b}=0\Leftrightarrow\vec{a}\perp\vec{b}$

例題 2

設 $\vec{a}=<3,4>$，$\vec{b}=<-8,6>$，試求(1) $|\vec{a}|,|\vec{b}|$、(2) $\vec{a}\cdot\vec{b}$、(3) $\vec{a}$ 與 $\vec{b}$ 之夾角 θ。

解 (1) $|\vec{a}|=\sqrt{3^2+4^2}=5$，$|\vec{b}|=\sqrt{(-8)^2+6^2}=10$

(2) $\vec{a}\cdot\vec{b}=3\cdot(-8)+4\cdot6=0$

(3) $\because\ \vec{a}\cdot\vec{b}=0\quad\therefore\ \vec{a}\perp\vec{b}$ 故夾角 $\theta=\dfrac{\pi}{2}$

例題 3

設 $\vec{a}=<-1,2>$，$\vec{b}=<\alpha,1>$，若夾角(1) $\theta=\dfrac{\pi}{2}$、(2) $\theta=\dfrac{\pi}{4}$ 分別求 α 值。

解 (1) $\theta=\dfrac{\pi}{2}\qquad\because\ \vec{a}\cdot\vec{b}=-\alpha+2=0\qquad\therefore\ \alpha=2$

(2) $\theta=\frac{\pi}{4}$ 由定理 6-4

$$\cos\frac{\pi}{4}=\frac{\vec{a}\cdot\vec{b}}{|\vec{a}||\vec{b}|}=\frac{-\alpha+2}{\sqrt{1+4}\sqrt{\alpha^2+1}}=\frac{1}{\sqrt{2}}$$

兩邊平方得

$$2(-\alpha+2)^2=5\cdot(\alpha^2+1)$$

化簡

$$3\alpha^2+8\alpha-3=0 \quad\Rightarrow\quad \alpha=\frac{1}{3}\text{，}-3$$

例題 4

設 $|\vec{a}|=3$，$|\vec{b}|=2$，$\vec{a}$ 與 $\vec{b}$ 夾角為 $\frac{\pi}{3}$，求 $|\vec{a}+\vec{b}|$。

解 $\because\ \vec{a}\cdot\vec{b}=|\vec{a}||\vec{b}|\cos\frac{\pi}{3}=3\cdot2\cdot\frac{1}{2}=3$

而

$$\begin{aligned}|\vec{a}+\vec{b}|^2&=(\vec{a}+\vec{b})\cdot(\vec{a}+\vec{b})\\&=\vec{a}\cdot\vec{a}+2\vec{a}\cdot\vec{b}+\vec{b}\cdot\vec{b}\\&=9+2\cdot3+4\\&=19\end{aligned}$$

$\therefore |\vec{a}+\vec{b}|=\sqrt{19}$

習題 6-2

EXERCISE

1. 設 $\vec{a}=<-1,2>$，$\vec{b}=<3,-4>$，試求(1) $\vec{a}\cdot\vec{b}$、(2) $(2\vec{a}+\vec{b})\cdot(\vec{a}-3\vec{b})$
2. 設 $\vec{a}=<-4,3>$，$\vec{b}=<2,4>$，試求(1) $|\vec{a}|,|\vec{b}|$、(2) $\vec{a}\cdot\vec{b}$、(3) $\vec{a}$ 與 $\vec{b}$ 之夾角 θ。
3. 設 $\vec{a}=<\alpha,-3>$，$\vec{b}=<2,-2>$ 若 $\vec{a}$ 與 $\vec{b}$ 夾角 θ 為(1) $\frac{\pi}{2}$、(2) $\frac{\pi}{4}$ 時，試求 α 值。
4. $|\vec{a}|=3$，$|\vec{b}|=4$，$\vec{a}$ 與 $\vec{b}$ 夾角為 $\frac{\pi}{3}$，試求 $|\vec{a}+\vec{b}|$、$|\vec{a}-\vec{b}|$。
5. 正三角形 ABC 邊長為 6，則(1) $\overline{AB}\cdot\overline{AC}=?$ (2) $\overline{AB}\cdot\overline{BC}=?$
6. 若 $|\vec{a}|=2$，$|\vec{b}|=3$，且 $\vec{a}\cdot\vec{b}=-3\sqrt{2}$，試求(1) $\vec{a}$ 與 $\vec{b}$ 之夾角 θ、(2) $|2\vec{a}-3\vec{b}|$、(3) $|\vec{a}+\vec{b}|$。

MEMO

習題解答

習題 1-1

1. (1) $\{2,3,5,7\}$

   (2) $A=\{0,2\}$

2. (1) $A=\{3+6n \mid n=0,1,2,3,4\}$

   (2) $B=\{2x \mid x\in N\}$

3. (1) $\{1,2,3,5\}$

   (2) $\{5\}$

   (3) $\{5\}$

   (4) $\{1\}$

   (5) $\{2,4,6,7,8\}$

   (6) $\{2,4,5,6,7,8\}$

4. $\{15x \mid x\in N\}$

習題 1-2

1. 有理數：$0.\overline{3}, \frac{2}{3}, \sqrt{9}, -2.\overline{13}$

   無理數：$\pi, \sqrt{5}$

2. (1) $\frac{5}{9}$　(2) $\frac{7}{18}$　(3) $\frac{83}{198}$

3. (1)6　(2) $a=3$，$b=2$

4\. (1) (2) (3) (4)

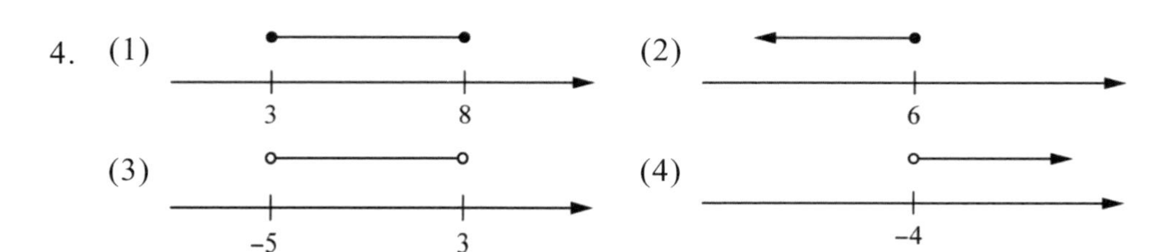

5\. (1) $(-3,2]$ (2) $[-6,6)$ (3) $[1,5)$ (4) $(2,5)$ (5) $[-8,-3]\cup[5,7]$

(6) $[-8,-6)\cup(2,7]$ (7) $[-8,-6)\cup[5,7]$ (8) $[-8,-6)\cup[5,7]$

習題 1-3

1\. $x=1$ 或 $-\frac{5}{2}$

2\. 略

3\. 略

4\. $x\in(-6.1)$

5\. $x\in(-\infty,-1]\cup\left[\frac{11}{5},\infty\right)$

6\. $-(x-2)$

習題 2-1

1\. (1) $3x^2-2x^2+2x-6$

(2) $-x^3+4x^2-2x-2$

(3) $2x^6-x^5-x^4-8x^3+10x^2-8x+8$

2\. 商式 $=x^2+5x+5$

餘式 $=-4x-19$

3. $g(x)=x^2+2x+1$

4. $\deg f(x)=5$

5. $\deg\left(f(x)\cdot g(x)\right)=9$

習題 2-2

1. (1) 商式 $=x^2+2x-4$　　餘式 $=0$

   (2) 商式 $=x^2-x-\frac{1}{2}$　　餘式 $=-\frac{5}{2}$

2. 餘式＝25

3. －224

4. $a=-1$

5. $a=2$，$b=1$

6. $A=1$，$B=1$，$C=0$，$D=-1$

習題 2-3

1. $(x+2)(x+3)$

2. $(3x+2)(x-1)$

3. $(2x-3)(5x-1)$

4. $(x-5)(x+5)$

5. $(x-3)(x^2+3x+9)$

6. $(2x+3)^2$

7. $(x-1)(x+1)(x+2)$

8. 最高公因式：$(x+2)$

   最低公倍式：$(x-4)(x+2)(x+5)$

9. 最高公因式：$(x+2)$

   最低公倍式：$(x+2)(x^2-2x+4)(x-2)$

10. 最高公因式：$(x+1)(x-2)$

    最低公倍式：$(x+1)(x-2)(x^2+x+1)(x-1)$

習題 2-4

1. $\dfrac{1}{x-1}$

2. $\dfrac{1}{(x+1)(2x-1)}$

3. $\dfrac{(x+2)(x-1)}{(x+4)(x^2-x+1)}$

4. $\dfrac{-x-3}{9x^2}$

5. $\dfrac{\frac{17}{7}}{x-2}+\dfrac{\frac{32}{7}}{x+5}$

6. $\dfrac{\left(-\frac{1}{4}\right)}{3x+1}+\dfrac{\frac{3}{4}}{x-1}$

7. $\dfrac{1}{(x-1)}+\dfrac{(-2)}{(x-1)^2}+\dfrac{(-1)}{(x-1)^3}+\dfrac{6}{(x-1)^4}$

8. $\dfrac{\frac{7}{5}}{x-2}+\dfrac{\left(-\frac{2}{5}\right)x+\frac{1}{5}}{x^2+1}$

習題 3-1

1.

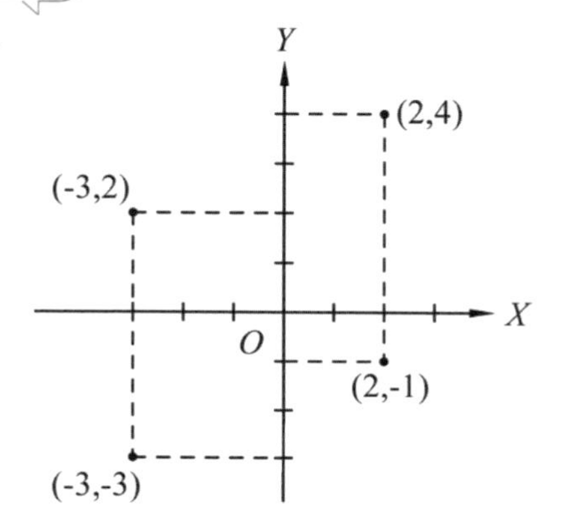

2. 13

3. $\left(-2,\dfrac{7}{2}\right)$

4. $a=8$，$b=-7$

5. $(0,2)$ or $(0,-6)$

6. (1) 共線

   (2) 不共線

7. (1) 否

   (2) 是

習題 3-2

1. $\dfrac{5}{3}$

2. -1

3. (1) 是

   (2) 是

(3) 否

4. (1) 是

(2) 否

(3) 是

5. (1) $m=\frac{-3}{5}$

(2) $m=\frac{2}{7}$

(3) $m=\frac{2}{3}$

6. (1) 垂直

(2) 平行

(3) 重合

(4) 皆非

7. $x-2y+1=0$

8. (1) $5x-3y-13=0$

(2) $3x+5y-1=0$

9. $x-4y+1=0$

10. $4x+y-13=0$

11. $2x+y-3=0$

12. $3x-2y+6=0$

習題 3-3

1. (1) $\{x \mid x > \frac{5}{7}\}$ (2) $\{x \mid x \leq 72\}$

   (3)

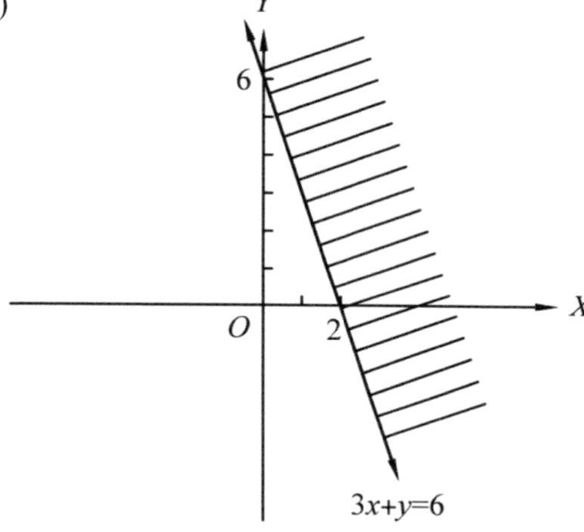

2. (1)

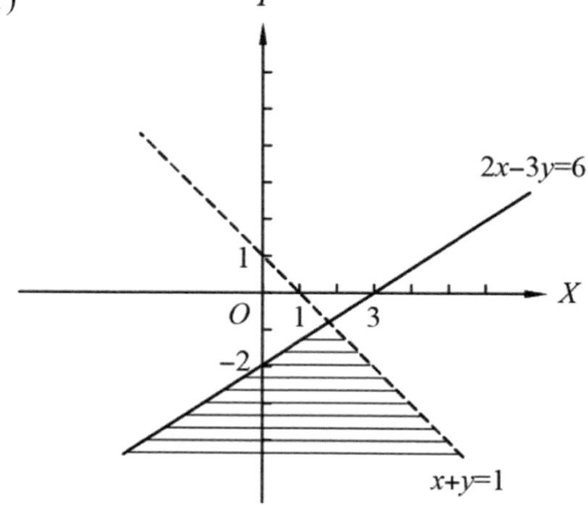

(2)

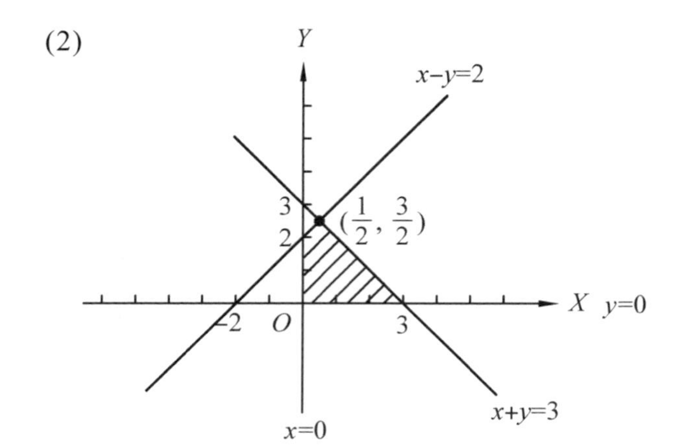

習題 4-1

1. 31
2. 42
3. 13
4. 8900

習題 4-2

1. 8748
2. 5
3. 1
4. $\frac{21}{4}$
5. 81
6. 375
7. $\frac{35}{104}$

習題 5-1

1. (1) $\frac{7\pi}{6}$ (2) $\frac{35\pi}{36}$ (3) $-\frac{\pi}{5}$ (4) $-\frac{7\pi}{4}$

2. (1) 150° (2) –300° (3) –270° (4) $(\frac{120}{\pi})$

3. 390°，–330°；240°，–480°；$\frac{5\pi}{3}$，$-\frac{\pi}{3}$；$\frac{11\pi}{4}$，$-\frac{5\pi}{4}$

4. (1) III (2) II (3) II (4) I (5) I

5. (1) $S=\frac{\pi}{3}$，$A=\frac{\pi}{3}$ (2) $S=\frac{\pi}{2}$，$A=\frac{\pi}{2}$

   (3) $S=3\pi$，$A=3\pi$ (4) $S=\frac{7\pi}{3}$，$A=\frac{7\pi}{3}$

6. $\sqrt{3}-\frac{\pi}{2}$

7. $(\frac{\pi}{2}-\frac{\sqrt{3}}{2})a^2$

習題 5-2

1. 10.25

2. $\sin\theta=\frac{3}{\sqrt{10}}$, $\cos\theta=\frac{1}{\sqrt{10}}$

   $\cot\theta=\frac{1}{3}$, $\sec\theta=\sqrt{10}$

   $\csc\theta=\frac{\sqrt{10}}{3}$

3. $\sin\theta=\sqrt{\frac{2}{3}}$, $\cos\theta=\frac{1}{\sqrt{3}}$

4.

	$\sin\theta$	$\cos\theta$	$\tan\theta$
15°	$\frac{\sqrt{6}-\sqrt{2}}{4}$	$\frac{\sqrt{6}+\sqrt{2}}{4}$	$2-\sqrt{3}$
75°	$\frac{\sqrt{6}+\sqrt{2}}{4}$	$\frac{\sqrt{6}-\sqrt{2}}{4}$	$2+\sqrt{3}$

5 $\sin\left(\frac{A}{2}\right)=\frac{3}{8}$, $\sin B=\frac{\sqrt{55}}{8}$, $\cos\left(\frac{A}{2}\right)=\frac{\sqrt{55}}{8}$, $\cos B=\frac{3}{8}$, $\tan\left(\frac{A}{2}\right)=\frac{3}{\sqrt{55}}$,

$\tan B=\frac{\sqrt{55}}{3}$

習題 5-3

1. $\sin\theta=-\frac{\sqrt{10}}{10}$，$\cos\theta=-\frac{3\sqrt{10}}{10}$，$\tan\theta=\frac{1}{3}$，$\sec\theta=-\frac{\sqrt{10}}{3}$，$\csc\theta=-\sqrt{10}$

2. $\cos\theta=-\frac{5}{13}$，$\tan\theta=-\frac{12}{5}$，$\cot\theta=-\frac{5}{12}$，$\sec\theta=-\frac{13}{5}$，$\csc\theta=\frac{13}{12}$

3. (1) $-\frac{1+\sqrt{3}}{2}$ (2) $\frac{2\sqrt{3}}{3}$

4. $-\frac{7}{18}$

5. $\sin\angle A=\frac{\sqrt{3}}{2}$，$\cos\angle A=\frac{1}{2}$

$\tan\angle A=\sqrt{3}$，$\cot\angle A=\frac{\sqrt{3}}{3}$

$\sec\angle A=2$，$\csc\angle A=\frac{2\sqrt{3}}{3}$

$\sin\angle B=\frac{1}{2}$，$\cos\angle B=\frac{\sqrt{3}}{2}$

$\tan\angle B=\frac{\sqrt{3}}{3}$ ， $\cot\angle B=\sqrt{3}$

$\sec\angle B=\frac{2\sqrt{3}}{3}$ ， $\csc\angle B=2$

6. $\sin\angle A=\frac{\sqrt{2}}{2}$ ， $\cos\angle A=\frac{\sqrt{2}}{2}$

$\tan\angle A=1$ ， $\cot\angle A=1$

$\sec\angle A=\sqrt{2}$ ， $\csc\angle A=\sqrt{2}$

7. 1

8. 略

9. $\theta=2n\pi$ ， $n\in Z$

10. $\theta=2n\pi-\frac{\pi}{2}$ ， $n\in Z$

11. (1) $\sin\frac{\pi}{3}$ (2) $\sec\frac{\pi}{8}$ (3) $\cot 80°$ (4) $\cos 34°$ (5) $\sin(3\pi-8)$ (6) $\tan\frac{\pi}{8}$

12. (1) $\csc^2\theta$ (2) $\cos\theta$

5-4

1. 120° 2. $\sqrt{\frac{455}{16}}$ 3. $\sqrt{3}:1:2$ 4. $2\sqrt{2}$

5. $\sqrt{6}+\sqrt{2}:2\sqrt{2}:2\sqrt{3}$

6. $10\sqrt{3}$ 公尺

7. $5(\sqrt{3}+1)$ 公尺

8. $\angle ACB=120°$，其餘各為 30°

習題 6-1

1. (1) $\overrightarrow{PQ} = <1,6>$，$\overrightarrow{QP} = <-1,-6>$，$|\overrightarrow{PQ}| = \sqrt{37} = |\overrightarrow{QP}|$

   (2) $\overrightarrow{PQ} = <2,4>$，$\overrightarrow{QP} = <-2,-4>$，$|\overrightarrow{PQ}| = 2\sqrt{5} = |\overrightarrow{QP}|$

2. (1) $<2,2>$ (2) $<5,-10>$ (3) $<9,-6>$ (4) $<\frac{1}{4},-1>$

3. $\alpha = -\frac{16}{3}, \beta = \frac{-10}{3}$

4. $a = 2, b = 2$

5. (1) $\vec{n} = <\frac{3}{5},\frac{-4}{5}>$ (2) $\vec{n} = <\frac{-5}{13},\frac{-12}{13}>$ (3) $\vec{n} = <\frac{\sqrt{2}}{2},\frac{\sqrt{2}}{2}>$

6. $R(-\frac{1}{3},4)$

7. $C(1,-3)$

8. $(4,10),(1,6)$

9. $P(-30,12)$

10. $\frac{19}{3}$

6-2

1. (1) -11 (2) -10

2. (1) $|\vec{a}| = 5$，$|\vec{b}| = 2\sqrt{5}$ (2) 4 (3) $\theta = \cos^{-1}\left(\frac{2\sqrt{5}}{25}\right)$

3. (1) $\alpha = -3$ (2) $\alpha = 0$

4. $|\vec{a}+\vec{b}| = \sqrt{37}$、$|\vec{a}-\vec{b}| = \sqrt{13}$

5. (1) 18 (2) -18

6. (1) $\theta = \frac{3\pi}{4}$ (2) $\sqrt{97+18\sqrt{2}}$ (3) $\sqrt{13-6\sqrt{2}}$

MEMO

MEMO

MEMO

MEMO

MEMO

國家圖書館出版品預行編目資料

數學.I/孫銚瑀, 簡守平, 張怡頌編著.--新北市 : 新文京開發出版股份有限公司, 2022.08
面 ; 公分

ISBN 978-986-430-857-6(平裝)

1. CST : 數學教育 2. CST : 中等教育

524.32 111011543

數學 I (書號:E455)

編著者 孫銚瑀 簡守平 張怡頌
出版者 新文京開發出版股份有限公司
地址 新北市中和區中山路二段 362 號 9 樓
電話 (02) 2244-8188(代表號)
FAX (02) 2244-8189
郵撥 1958730-2
初版 西元 2022 年 09 月 01 日

建議售價:350 元
法律顧問:蕭雄淋律師
ISBN 978-986-430-857-6

New Wun Ching Developmental Publishing Co., Ltd.

NEW WCDP New Age · New Choice · The Best Selected Educational Publications—NEW WCDP

NEW WCDP
新文京開發出版股份有限公司
新世紀 · 新視野 · 新文京 — 精選教科書 · 考試用書 · 專業參考書